2025年版全国二级建造师执业资格考试辅导

市政公用工程管理与实务

全国二级建造师执业资格考试辅导编写委员会　编写

中国建筑工业出版社
中国城市出版社

图书在版编目（CIP）数据

市政公用工程管理与实务章节刷题 / 全国二级建造师执业资格考试辅导编写委员会编写． -- 北京：中国城市出版社，2024．9． --（2025年版全国二级建造师执业资格考试辅导）． -- ISBN 978-7-5074-3751-5

Ⅰ．TU99-44

中国国家版本馆 CIP 数据核字第 20246AH058 号

责任编辑：余　帆
责任校对：芦欣甜

2025年版全国二级建造师执业资格考试辅导

市政公用工程管理与实务章节刷题

全国二级建造师执业资格考试辅导编写委员会　编写

*

中国建筑工业出版社、中国城市出版社出版、发行（北京海淀三里河路9号）
各地新华书店、建筑书店经销
北京圣夫亚美印刷有限公司印刷

*

开本：787毫米×1092毫米　1/16　印张：$12\frac{1}{2}$　字数：302千字
2024年10月第一版　2024年10月第一次印刷
定价：**50.00**元（含增值服务）
ISBN 978-7-5074-3751-5
（904785）

如有内容及印装质量问题，请与本社读者服务中心联系
电话：（010）58337283　　QQ：2885381756
（地址：北京海淀三里河路9号中国建筑工业出版社604室　邮政编码：100037）

版权所有　翻印必究
请读者识别、监督：
　　本书封面有网上增值服务码，环衬为有中国建筑工业出版社水印的专用防伪纸，封底贴有中国建筑工业出版社专用防伪标，否则为盗版书。
　　举报电话：（010）58337026；举报QQ：3050159269
　　本社法律顾问：上海博和律师事务所许爱东律师

出 版 说 明

为了满足广大考生的应试复习需要,便于考生准确理解考试大纲的要求,尽快掌握复习要点,更好地适应考试,中国建筑工业出版社继出版"二级建造师执业资格考试大纲"(2024年版)(以下简称"考试大纲")和"2025年版全国二级建造师执业资格考试用书"(以下简称"考试用书")之后,组织全国著名院校和企业以及行业协会的有关专家教授编写了"2025年版全国二级建造师执业资格考试辅导——章节刷题"(以下简称"章节刷题")。推出的章节刷题共8册,涵盖所有的综合科目和专业科目,分别为:

- 《建设工程施工管理章节刷题》
- 《建设工程法规及相关知识章节刷题》
- 《建筑工程管理与实务章节刷题》
- 《公路工程管理与实务章节刷题》
- 《水利水电工程管理与实务章节刷题》
- 《矿业工程管理与实务章节刷题》
- 《机电工程管理与实务章节刷题》
- 《市政公用工程管理与实务章节刷题》

《建设工程施工管理章节刷题》《建设工程法规及相关知识章节刷题》包括单选题和多选题,专业工程管理与实务章节刷题包括单选题、多选题、实务操作和案例分析题。章节刷题中附有参考答案、难点解析、案例分析以及综合测试等。考生也可通过中国建筑出版在线(wkc.cabplink.com)了解二级建造师执业资格考试的相关信息,参加在线辅导课程学习。

为了给广大应试考生提供更优质、持续的服务,我社对上述8册图书提供网上增值服务,包括在线答疑、在线课程、在线测试等内容。

章节刷题紧扣考试大纲,参考考试用书,全面覆盖所有知识点要求,力求突出重点,解释难点。题型参照历年真题的格式和要求,力求练习题的难易、大小、长短、宽窄适中。各科目考试时间、分值见下表:

序 号	科 目 名 称	考试时间(小时)	满 分
1	建设工程法规及相关知识	2	100
2	建设工程施工管理	2	100
3	专业工程管理与实务	2.5	120

本套章节刷题力求在短时间内切实帮助考生理解知识点，掌握难点和重点，提高应试水平及解决实际工作问题的能力。希望这套章节刷题能有效地帮助二级建造师应试人员提高复习效果。本套章节刷题在编写过程中，难免有不妥之处，欢迎广大读者提出批评和建议，以便我们修订再版时完善，使之成为建造师考试人员的好帮手。

中国建筑工业出版社
中国城市出版社

购正版图书　享超值服务

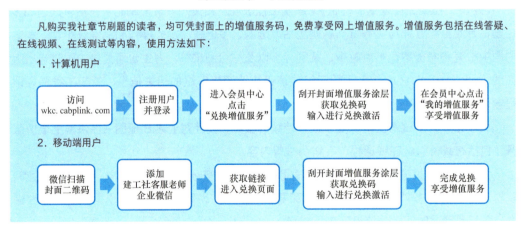

读者如果对图书中的内容有疑问或问题，可关注微信公众号【建造师应试与执业】，与图书编辑团队直接交流。

建造师应试与执业

目 录

第1篇 市政公用工程技术

第1章 城镇道路工程 1
- 1.1 道路结构特征 1
- 1.2 城镇道路路基施工 4
- 1.3 城镇道路路面施工 7
- 1.4 挡土墙施工 13
- 1.5 城镇道路工程安全质量控制 14

第2章 城市桥梁工程 19
- 2.1 城市桥梁结构形式及通用施工技术 19
- 2.2 城市桥梁下部结构施工 28
- 2.3 桥梁支座施工 33
- 2.4 城市桥梁上部结构施工 34
- 2.5 桥梁桥面系及附属结构施工 38
- 2.6 管涵和箱涵施工 41
- 2.7 城市桥梁工程安全质量控制 43

第3章 城市隧道工程 50
- 3.1 施工方法与结构形式 50
- 3.2 地下水控制 51
- 3.3 明挖法施工 54
- 3.4 浅埋暗挖法施工 59
- 3.5 城市隧道工程安全质量控制 61

第4章 城市管道工程 66
- 4.1 城市给水排水管道工程 66
- 4.2 城市燃气管道工程 69
- 4.3 城市供热管道工程 75
- 4.4 城市管道工程安全质量控制 79

第 5 章　城市综合管廊工程ꞏꞏꞏ 82

5.1　城市综合管廊分类与施工方法 ꞏꞏ 82
5.2　城市综合管廊施工技术 ꞏꞏ 84

第 6 章　海绵城市建设工程ꞏꞏꞏ 88

6.1　海绵城市建设技术设施类型与选择 ꞏꞏ 88
6.2　海绵城市建设施工技术 ꞏꞏ 88

第 7 章　城市基础设施更新工程ꞏꞏ 91

7.1　道路改造施工 ꞏꞏꞏ 91
7.2　桥梁改造施工 ꞏꞏꞏ 92
7.3　管网改造施工 ꞏꞏꞏ 94

第 8 章　施工测量ꞏꞏ 97

8.1　施工测量主要内容与常用仪器 ꞏꞏꞏ 97
8.2　施工测量及竣工测量 ꞏꞏꞏ 97

第 9 章　施工监测ꞏꞏꞏ 100

9.1　施工监测主要内容、常用仪器与方法 ꞏꞏꞏꞏꞏꞏꞏꞏꞏꞏꞏꞏꞏꞏꞏꞏꞏꞏꞏꞏꞏꞏꞏꞏꞏꞏꞏꞏꞏꞏꞏꞏꞏꞏꞏꞏ 100
9.2　监测技术与监测报告 ꞏꞏ 101

第 2 篇　市政公用工程相关法规与标准

第 10 章　相关法规ꞏꞏ 103

10.1　城市道路管理的有关规定 ꞏꞏꞏ 103
10.2　城镇排水和污水处理管理的有关规定 ꞏꞏꞏꞏꞏꞏꞏꞏꞏꞏꞏꞏꞏꞏꞏꞏꞏꞏꞏꞏꞏꞏꞏꞏꞏꞏꞏꞏꞏꞏꞏꞏꞏꞏꞏ 104
10.3　城镇燃气管理的有关规定 ꞏꞏꞏ 105

第 11 章　相关标准ꞏꞏ 106

11.1　相关强制性标准的规定 ꞏꞏꞏ 106
11.2　技术安全标准 ꞏꞏ 108

第 3 篇　市政公用工程项目管理实务

第 12 章　市政公用工程企业资质与施工组织ꞏꞏꞏꞏꞏꞏꞏꞏꞏꞏꞏꞏꞏꞏꞏꞏꞏꞏꞏꞏꞏꞏꞏꞏꞏꞏꞏꞏꞏꞏꞏꞏꞏ 111

12.1　市政公用工程企业资质 ꞏꞏꞏ 111
12.2　二级建造师执业范围 ꞏꞏꞏ 112
12.3　施工项目管理机构 ꞏꞏ 113

12.4　施工组织设计 ·· 114

第 13 章　施工招标投标与合同管理 ·· 116

　　13.1　施工招标投标 ·· 116
　　13.2　施工合同管理 ·· 117

第 14 章　施工进度管理 ·· 118

　　14.1　工程进度影响因素与计划管理 ·· 118
　　14.2　施工进度计划编制与调整 ·· 118

第 15 章　施工质量管理 ·· 120

　　15.1　质量策划 ··· 120
　　15.2　施工质量控制 ·· 121
　　15.3　竣工验收管理 ·· 123

第 16 章　施工成本管理 ·· 125

　　16.1　工程造价管理 ·· 125
　　16.2　施工成本管理 ·· 126
　　16.3　工程结算管理 ·· 129

第 17 章　施工安全管理 ·· 131

　　17.1　常见施工安全事故及预防 ·· 131
　　17.2　施工安全管理要点 ··· 133

第 18 章　绿色施工及现场环境管理 ·· 138

　　18.1　绿色施工管理 ·· 138
　　18.2　施工现场环境管理 ··· 139

第 19 章　实务操作和案例分析 ·· 141

综合测试题（一） ·· 171

综合测试题（二） ·· 182

网上增值服务说明 ·· 192

第1篇 市政公用工程技术

第1章 城镇道路工程

1.1 道路结构特征

微信扫一扫
在线做题+答疑

复习要点

城镇道路分类，城镇道路结构特征；道路路基结构特征：路基分类，路基填料的要求，路基的功能和性能要求；道路路面结构特征：沥青混凝土路面结构、水泥混凝土路面结构、砌块路面结构组成特点。

一、单项选择题

1. （　　）是以交通功能为主，连接城市各主要分区的干路，是城市道路网的主要骨架。
   A. 快速路　　　　　　　B. 主干路
   C. 次干路　　　　　　　D. 支路

2. 由地面向下开挖的路基断面形式称为（　　）。
   A. 路堤　　　　　　　　B. 路堑
   C. 半填、半挖　　　　　D. 零填方

3. 路基性能主要指标为整体稳定性和（　　）。
   A. 强度　　　　　　　　B. 刚度
   C. 变形量　　　　　　　D. 回弹模量

4. 按我国城镇道路技术标准要求，设计车速60～80km/h的道路，其等级是（　　）。
   A. 快速路　　　　　　　B. 主干路
   C. 次干路　　　　　　　D. 支路

5. 以解决局部地区交通，服务功能为主的城镇道路是（　　）。
   A. 快速路　　　　　　　B. 主干路
   C. 次干路　　　　　　　D. 支路

6. 基层应具有足够的结构强度和扩散荷载的能力并具有很好的抗冻性以及（　　）。
   A. 耐热性　　　　　　　B. 刚度
   C. 水稳定性　　　　　　D. 抗渗性

7. 下列属于柔性基层的材料是（　　）。
   A. 石灰稳定土类　　　　B. 水泥稳定土类

C．石灰粉煤灰钢渣稳定土类 D．级配砂砾

8．降噪排水路面上面层采用（　　）沥青混合料。
　　A．AC B．AM
　　C．OGFC D．SMA

9．水文地质条件不良的土质路堑，路床土湿度较大时，宜设置（　　）。
　　A．防冻垫层 B．排水垫层
　　C．半刚性垫层 D．刚性垫层

10．垫层的宽度应与路基宽度相同，其最小厚度为（　　）mm。
　　A．150 B．160
　　C．170 D．180

11．基层的宽度应根据混凝土面层施工方式的不同，每侧比混凝土面层至少宽出300mm、500mm或650mm，与上述宽出宽度相对应的施工方式为（　　）。
　　A．小型机具施工，轨模式摊铺机施工，滑模式摊铺机施工
　　B．轨模式摊铺机施工，滑模式摊铺机施工，小型机具施工
　　C．滑模式摊铺机施工，小型机具施工，轨模式摊铺机施工
　　D．轨模式摊铺机施工，小型机具施工，滑模式摊铺机施工

12．对于特重及重交通等级的混凝土路面，横向胀缝、缩缝均应设置（　　）。
　　A．连接杆 B．传力杆
　　C．拉力杆 D．伸缩杆

二 多项选择题

1．我国城镇道路分为（　　）。
　　A．快速路 B．主干路
　　C．次干路 D．高速路
　　E．支路

2．城镇主干路应（　　）。
　　A．连接城市各主要分区 B．以交通功能为主
　　C．实现交通连续通行 D．设有配套的交通安全与管理设施
　　E．以服务功能为主

3．沥青路面结构自下至上由（　　）组成。
　　A．路基 B．垫层
　　C．基层 D．面层
　　E．封层

4．面层可由一层或数层组成，高级沥青路面面层包括（　　）。
　　A．上面层 B．基层
　　C．中面层 D．垫层
　　E．下面层

5. 面层的使用要求指标有（　　）、透水性和噪声量。
   A．平整度　　　　　　　　　B．承载能力
   C．抗滑能力　　　　　　　　D．温度稳定性
   E．抗变形能力

6. 水泥混凝土路面的结构组成包括（　　）。
   A．路基　　　　　　　　　　B．垫层
   C．整平层　　　　　　　　　D．基层
   E．面层

7. 在温度和湿度状况不良的城市道路上，应设置垫层，以改善路面结构的使用性能。垫层分为（　　）。
   A．防冻垫层　　　　　　　　B．隔水垫层
   C．排水垫层　　　　　　　　D．半刚性垫层
   E．刚性垫层

8. 基层应具有（　　），且坚实、平整、整体性好。
   A．足够的抗冲刷能力　　　　B．排水能力强
   C．较大的刚度　　　　　　　D．抗滑能力
   E．足够的抗变形能力

9. 面层混凝土板常分为普通（素）混凝土板、（　　）和钢筋混凝土板等。
   A．碾压混凝土板　　　　　　B．高强度混凝土板
   C．连续配筋混凝土板　　　　D．高性能混凝土板
   E．预应力混凝土板

10. 水泥混凝土面层的表面应（　　）。
    A．抗滑　　　　　　　　　　B．抗冻
    C．耐磨　　　　　　　　　　D．平整
    E．抗裂

【答案】

一、单项选择题
1. B；　2. B；　3. C；　4. A；　5. D；　6. C；　7. D；　8. C；
9. B；　10. A；　11. A；　12. B

二、多项选择题
1. A、B、C、E；　2. A、B；　　3. B、C、D；　4. A、C、E；
5. A、B、C、D；　6. B、D、E；　7. A、C、D；　8. A、C、E；
9. A、C、E；　　10. A、C、D

1.2 城镇道路路基施工

复习要点

地下水控制：地下水分类与水土作用，地下水与地表水的控制；特殊路基处理：工程用土的分类，常用路基土的主要性能参数，不良土质路基处理；城镇道路路基施工技术：路基施工的特点和程序，路基施工要点，路基压实作业要点。

一 单项选择题

1. 存在于地下两个隔水层之间，具有一定的水头高度的水称为（　　）。
   A．上层滞水　　　　　　　　B．重力水
   C．承压水　　　　　　　　　D．潜水

2. 管道与检查井、雨水口周围回填压实要达到设计要求和规范相关规定，防止（　　）渗入造成道路的破坏。
   A．承压水　　　　　　　　　B．地表水
   C．上层滞水　　　　　　　　D．潜水

3. 工程用土按坚实系数分类，一类土的坚实系数为（　　）。
   A．1.0～1.5　　　　　　　　B．0.8～1.0
   C．0.6～0.8　　　　　　　　D．0.5～0.6

4. 土的孔隙比是指（　　）。
   A．土的孔隙体积与土的体积之比
   B．土的孔隙体积与土的压实体积之比
   C．土的孔隙体积与土的自然密实体积之比
   D．土的孔隙体积与土粒体积之比

5. 路基施工常以机械施工为主，人工配合为辅，采用（　　）或分段平行作业。
   A．集中　　　　　　　　　　B．点面结合
   C．流水　　　　　　　　　　D．轮流

6. 路基工程中，新建的地下管线施工必须依照（　　）的原则进行。
   A．"先地下，后地上，先浅后深"　B．"先地上，后地下，先深后浅"
   C．"先地上，后地下，先浅后深"　D．"先地下，后地上，先深后浅"

7. 路基施工程序是准备工作、（　　）、路基（土、石方）施工、质量检查与验收等。
   A．地下管线及附属构筑物施工和保护
   B．路基施工测量
   C．排除地面积水
   D．清除地表腐殖土

8. 填方路基应事先找平，当地面横向坡度陡于（　　）时，需修成台阶形式。
   A．1∶10　　　　　　　　　　B．1∶8

C. 1 : 7　　　　　　　　　　D. 1 : 5

9. 填方路段陡，事先找平修成台阶形式时，每层台阶宽度不宜小于（　　）m。

A. 1.0　　　　　　　　　　B. 0.8

C. 0.7　　　　　　　　　　D. 0.6

10. 填方路基在碾压时应先轻后重，最后碾压机械应为不小于（　　）t级的压路机。

A. 6　　　　　　　　　　　B. 8

C. 10　　　　　　　　　　 D. 12

11. 土路基填土宽度应在每侧比设计宽度宽（　　）mm。

A. 200　　　　　　　　　　B. 300

C. 400　　　　　　　　　　D. 500

12. 城镇快速路路基填料强度的 CBR 值应符合设计要求，在路床顶面以下30～80cm 路基处的最小值应为（　　）。

A. 8%　　　　　　　　　　B. 6%

C. 5%　　　　　　　　　　D. 4%

13. 城镇道路路基填料可用（　　）。

A. 沼泽土　　　　　　　　B. 砾石土

C. 泥炭土　　　　　　　　D. 有机土

14. 路基施工局部出现"弹簧土"现象时，不应采用的处理措施是（　　）。

A. 翻土晾晒，当含水率接近最佳含水率时压实

B. 换填含水率适当的素土，碾压密实

C. 掺拌适量消解石灰，翻拌均匀碾压密实

D. 换用大压实功压路机碾压至密实

二 多项选择题

1. 从工程地质的角度，根据地下水的埋藏条件又可将地下水分为（　　）。

A. 上层滞水　　　　　　　B. 重力水

C. 毛细水　　　　　　　　D. 承压水

E. 潜水

2. 道路沿线地表水积水及排泄方式、邻近河道洪水位和常水位的变化，也会造成路基产生（　　）等危害。

A. 滑坡　　　　　　　　　B. 冻胀

C. 沉陷　　　　　　　　　D. 开裂

E. 翻浆

3. 地基处理按作用机理分类可大致分为（　　）。

A. 土质改良　　　　　　　B. 碾压及夯实

C. 土的置换　　　　　　　D. 土的补强

E. 振密挤密

4. 属于排水固结类处理地基的方法有：天然地基预压及（　　）。
   A．砂井预压　　　　　　　　B．塑料排水板预压
   C．真空预压　　　　　　　　D．降水预压
   E．砂桩

5. 路基工程包括路基（路床）本身及有关的土（石）方、沿线的（　　）、挡土墙等项目。
   A．路肩　　　　　　　　　　B．涵洞
   C．各类管线　　　　　　　　D．临时建筑物
   E．边坡

6. 路基（土、石方）施工涵盖开挖路堑、（　　）、修建防护工程等内容。
   A．整平路基　　　　　　　　B．填筑路堤
   C．压实路基　　　　　　　　D．修整路床
   E．洒透层油

7. 路基填土不应使用（　　）和盐渍土。
   A．砂性土　　　　　　　　　B．有机质土
   C．淤泥　　　　　　　　　　D．冻土块
   E．生活垃圾

8. 关于石方路基施工的说法，正确的有（　　）。
   A．应先清理地表，再开始填筑施工
   B．先填筑石料，再码砌边坡
   C．宜用 12t 以下振动压路机
   D．路基范围内管线四周宜回填石料
   E．碾压前应经过试验段，确定施工参数

9. 关于填土路基施工要点的说法，正确的有（　　）。
   A．原地面标高低于设计路基标高时，需要填筑土方
   B．土层填筑后，立即采用 8t 级压路机碾压
   C．填筑前，应妥善处理井穴、树根等
   D．填方高度应按设计标高增加预沉量值
   E．管涵顶面填土 300mm 以上才能用压路机碾压

10. 土质路基压实要求包括（　　）、适宜的压实厚度等内容。
    A．合理选用压实机械　　　　B．正确的压实方法
    C．掌握土层含水率　　　　　D．控制土的颗粒结构
    E．压实质量检查

11. 选用土路基压实机械应考虑（　　）等因素。
    A．道路等级　　　　　　　　B．地质条件
    C．操作人员水平　　　　　　D．工期要求
    E．工程量大小

12. 下列有关土质路基碾压的说法，正确的有（　　）。
    A．最大碾压速度不宜超过 6km/h

B．碾压应从路基边缘向中央进行

C．先轻后重、先静后振、先低后高、先慢后快、轮迹重叠

D．压路机轮外缘距路基边应保持安全距离

E．管顶以上 500mm 范围内不得使用压路机

13．石方路基应做试验段，以取得（   ）等施工参数。

A．压实遍数　　　　　　　　B．压实机具组合

C．摊铺长度　　　　　　　　D．沉降差

E．每层松铺厚度

【答案】

一、单项选择题

1．C；　2．B；　3．D；　4．D；　5．C；　6．D；　7．A；　8．D；
9．A；　10．D；　11．D；　12．C；　13．B；　14．D

二、多项选择题

1．A、D、E；　　2．A、B、C、E；　　3．A、C、D；　　4．A、B、C、D；
5．A、B、C、E；　6．A、B、C、D；　　7．B、C、D、E；　8．A、E；
9．A、C、D；　　10．A、B、C、E；　　11．A、B、D、E；　12．B、C、D、E；
13．A、B、D、E

1.3　城镇道路路面施工

复习要点

路面结构分类；城镇道路基层施工：常用无机结合料稳定基层特性，基层施工技术，土工合成材料的应用；城镇道路面层施工：沥青类混合料面层、水泥混凝土路面、砌块类路面施工，道路附属构筑物施工。

一　单项选择题

1．在粒料中按配合比掺入水泥的混合料，称为（   ）。

A．水泥稳定粒料　　　　　　B．贫混凝土

C．水泥稳定土　　　　　　　D．水泥混合粒料

2．关于水泥稳定土基层的说法，正确的是（   ）。

A．初期强度比石灰土高　　　B．水稳性比石灰土差

C．抗冻性比石灰土差　　　　D．低温时不会冷缩

3．石灰稳定土基层施工期间允许的日最低气温为（   ）℃。

A．0　　　　　　　　　　　　B．5

C．10　　　　　　　　　　　 D．15

4. 常温季节，石灰土基层需洒水养护（　　），养护期应封闭交通。
   A．28d B．21d
   C．14d D．直至上层结构施工为止

5. 二灰混合料拌合顺序是（　　）。
   A．先将石灰、粉煤灰、砂砾（碎石）拌合均匀，再加入水均匀拌合
   B．先将石灰、粉煤灰拌合均匀，再加入砂砾（碎石）和水均匀拌合
   C．先将砂砾（碎石）、石灰拌合均匀，再加入粉煤灰和水均匀拌合
   D．先将砂砾（碎石）、粉煤灰拌合均匀，再加入石灰和水均匀拌合

6. 为压实石灰土、水泥土、石灰粉煤灰砂砾基层，必须掌握的一个关键因素是（　　）。
   A．最佳含水率 B．湿密度
   C．天然含水率 D．压实密度

7. 关于级配碎石基层的说法，正确的是（　　）。
   A．级配碎石属于半刚性基层
   B．碾压至轮迹不大于1mm，表面平整、坚实
   C．碾压成型后即可开放交通
   D．采用厂拌方式和强制式拌合机拌制

8. 热拌沥青混合料相邻两幅及上下层的横接缝应错开（　　）m以上。
   A．0.5 B．1.0
   C．1.5 D．2.0

9. 铺筑高等级道路沥青混合料时，1台摊铺机的铺筑宽度不宜超过（　　）m。
   A．6 B．6.5
   C．7 D．7.5

10. 机械摊铺沥青混凝土试验段时，混合料松铺系数可在规范推荐的（　　）范围内选取。
    A．1.15～1.30 B．1.15～1.35
    C．1.20～1.45 D．1.25～1.50

11. 碾压开始热拌沥青混合料内部温度随沥青标号而定，正常施工取值范围为（　　）℃。
    A．100～110 B．120～135
    C．120～150 D．130～150

12. 粗集料为主的热拌沥青混合料复压采用振动压路机，相邻碾压带宜重叠（　　）cm。
    A．10～20 B．20～30
    C．30～40 D．40～50

13. 热拌沥青混合料面层纵缝应采用热接缝，上下层的纵缝应错开（　　）mm以上。
    A．50 B．100
    C．150 D．200

14. 碾压沥青混合料面层时应将压路机的（　　）面向摊铺机。
    A．从动轮　　　　　　　　B．驱动轮
    C．小轮　　　　　　　　　D．转向轮

15. 为防沥青混合料粘轮，可对压路机钢轮喷淋含有少量表面活性剂的雾状水，严禁刷（　　）。
    A．柴油　　　　　　　　　B．脱模剂
    C．食用油　　　　　　　　D．防粘结剂

16. 在当天成型的沥青混合料路面上，（　　）停放任何机械设备或车辆。
    A．可以　　　　　　　　　B．有条件
    C．靠边　　　　　　　　　D．不得

17. 关于热拌沥青混合料面层施工的说法，正确的是（　　）。
    A．主干路、快速路宜采用两台（含）以上摊铺机联合摊铺
    B．压路机应从路中线向两边碾压，碾压速度应稳定而均匀
    C．碾压开始沥青混合料温度不低于160℃，碾压终了的路面表面温度不低于90℃
    D．路面完工后待自然冷却，表面温度低于60℃后，方可开放交通

18. 下列改性沥青混合料路面横接缝处理做法中，错误的是（　　）。
    A．用3m直尺检查端部平整度及厚度
    B．在其冷却之前垂直切割端部不平整及厚度不符合要求的部分
    C．在其冷却之后垂直切割端部不平整及厚度不符合要求的部分
    D．将横接缝冲净、干燥，第二天涂刷粘层油后再铺新料

19. 改性沥青SMA混合料施工温度应经试验确定，一般情况下，摊铺温度不低于（　　）℃。
    A．150　　　　　　　　　　B．160
    C．170　　　　　　　　　　D．180

20. 沥青混合料振动压实应遵循（　　）的原则。
    A．"紧跟、慢压、高频、低幅"　　B．"紧跟、快压、高频、低幅"
    C．"紧跟、慢压、低频、低幅"　　D．"紧跟、快压、低频、低幅"

21. 改性沥青混合料上面层宜采用（　　）控制高程。
    A．钢丝绳　　　　　　　　B．导梁
    C．非接触式平衡梁　　　　D．人工

22. 用于温拌施工的温拌沥青混合料出料温度较热拌沥青混合料降低（　　）℃以上。
    A．5　　　　　　　　　　　B．10
    C．15　　　　　　　　　　D．20

23. 水泥混凝土路面板分两次摊铺混凝土时，下部摊铺厚度宜为总厚度的（　　）。
    A．3/4　　　　　　　　　　B．3/5
    C．1/2　　　　　　　　　　D．2/5

24. 当水泥混凝土强度达到设计强度的（　　）时可采用切缝机切割缩缝。
    A．15%～20%　　　　　　　B．20%～25%
    C．25%～30%　　　　　　　D．30%～35%

25. 水泥混凝土路面缩缝设传力杆时的切缝深度，不宜小于板厚的（　　），且不得小于70mm。

　　A．1/2　　　　　　　　　　　　B．1/3

　　C．1/4　　　　　　　　　　　　D．1/5

26. 水泥混凝土路面的养护时间宜为（　　）d。

　　A．14～21　　　　　　　　　　B．10～14

　　C．7～10　　　　　　　　　　　D．3～7

27. 水泥混凝土路面施工中，水泥混凝土面板达到设计弯拉强度的（　　）以后，方可允许行人通过。

　　A．20%　　　　　　　　　　　B．30%

　　C．40%　　　　　　　　　　　D．50%

28. 采用三辊轴机组铺筑水泥混凝土面层时，在一个作业单元长度内，应采用（　　）。

　　A．前进静滚、后退静滚方式作业　　B．前进静滚、后退振动方式作业

　　C．前进振动、后退振动方式作业　　D．前进振动、后退静滚方式作业

二 多项选择题

1. 沥青路面结构的组成包括（　　）。

　　A．垫层　　　　　　　　　　　　B．基层

　　C．路基　　　　　　　　　　　　D．路床

　　E．面层

2. 下列无机结合料中只能用作高级路面底基层的有（　　）。

　　A．石灰土　　　　　　　　　　　B．水泥稳定粒料

　　C．水泥土　　　　　　　　　　　D．二灰稳定粒料

　　E．二灰土

3. 下列城市道路基层中，属于半刚性基层的有（　　）。

　　A．级配碎石基层　　　　　　　　B．级配砂砾基层

　　C．沥青碎石基层　　　　　　　　D．水泥稳定碎石基层

　　E．石灰粉煤灰稳定砂砾基层

4. 水泥稳定土、石灰土、工业废渣稳定土基层施工技术中具有相同要求的有（　　）。

　　A．宜在气温较高季节组织施工，如春末或夏季

　　B．碾压时采用先轻型后重型压路机组合

　　C．厚度小于等于20cm时，用18～20t三轮压路机和振动压路机碾压

　　D．必须保湿养护，养护期严禁车辆通行

　　E．加水拌合及摊铺必须均匀

5. 下列关于级配碎石（碎砾石）基层施工技术要求，正确的有（　　）。

　　A．运输中应采取防止水分蒸发和防扬尘措施

B．宜采用机械摊铺，避免发生"梅花""砂窝"现象

C．宜用多次找补方式达到每层的虚铺厚度要求

D．碾压前和碾压中应适量洒水，保持砂砾湿润，但不应导致其层下翻浆

E．可采用沥青乳液和沥青下封层进行养护或湿养

6. 土工合成材料可置于岩土或其他工程结构内部、表面或各结构层之间，具有（　　）、隔离等功能。

A．加筋　　　　　　　　　　B．防护

C．过滤　　　　　　　　　　D．排水

E．衬垫

7. 土工合成材料种类有：土工网、（　　）、玻纤网、土工垫等。

A．土工格栅　　　　　　　　B．人工合成聚合物

C．土工模袋　　　　　　　　D．土工织物

E．土工复合排水材料

8. 土工合成材料的用途有（　　）。

A．路堤加筋　　　　　　　　B．台背路基填土加筋

C．过滤与排水　　　　　　　D．路基防护

E．减少路基与构造物之间的不均匀沉降

9. 垫隔土工布加固地基法中所用的非织型的土工纤维应具备（　　）的性能。

A．孔隙直径小　　　　　　　B．渗透性好

C．质地柔软　　　　　　　　D．化学性能稳定

E．能与土很好结合

10. 改性沥青混合料振动压实应做到（　　）。

A．紧跟　　　　　　　　　　B．慢压

C．高频　　　　　　　　　　D．低频

E．低幅

11. 沥青混凝土面层摊铺后紧跟碾压工序，压实分（　　）等阶段。

A．稳压　　　　　　　　　　B．初压

C．复压　　　　　　　　　　D．终压

E．追密压实

12. 改性沥青混合料的摊铺在满足普通沥青混合料摊铺要求外，还应做到（　　）。

A．在喷洒有粘层油的路面上铺筑改性沥青混合料时，宜使用履带式摊铺机

B．在喷洒有粘层油的路面上铺筑改性沥青混合料时，宜使用轮胎式摊铺机

C．摊铺机必须缓慢、均匀、连续不间断地摊铺，不得随意变换速度或中途停顿

D．改性沥青混合料的摊铺速度宜放慢至1～3m/min

E．应采用有自动找平装置的摊铺机

13. 改性沥青混合料除执行普通沥青混合料的压实成型要求外，还应做到（　　）。

A．初压开始温度不低于150℃

B．碾压终了的表面温度应不低于90℃

C．保持较短的初压区段

D．在超高路段由高向低碾压

E．振动压路机应遵循"紧跟、慢压、高频、低幅"的原则

14．下列措施中，不符合改性沥青混合料路面施工工艺要求的有（　　）。

A．OGFC混合料宜采用12t以上钢筒式压路机碾压

B．改性沥青混合料的摊铺速度宜放慢至2～6m/min

C．施工中应保持连续、均匀、不间断摊铺

D．宜采用轮胎压路机碾压

E．摊铺时应保证充足的运料车，满足摊铺的需要，使纵向接缝成为热接缝

15．水泥混凝土路面施工时，混凝土浇筑的部分工序是支搭模板、（　　）等。

A．选择材料　　　　　　B．钢筋设置

C．摊铺　　　　　　　　D．振捣

E．切缝

16．水泥混凝土路面施工时模板的支搭应达到（　　）等要求，模板内侧面应涂脱模剂。

A．错台小于10mm

B．安装稳固、顺直、平整、无扭曲

C．严禁在基层上挖槽嵌入模板

D．相邻模板连接应紧密平顺，不得错位

E．接缝处应粘贴胶带或塑料薄膜等密封

17．水泥混凝土路面浇筑前支模如采用木模板，应（　　）、无裂纹，且用前须浸泡。

A．质地坚实　　　　　　B．无腐朽

C．无扭曲　　　　　　　D．变形小

E．刚度大

18．常温下昼夜温差不大于10℃时，水泥混凝土路面现场养护方法有（　　）。

A．湿法养护　　　　　　B．蒸汽养护

C．围水养护　　　　　　D．薄膜养护

E．保温养护

19．设置水泥混凝土路面的胀缝很重要，它应满足（　　）等要求。

A．应与路面中心线垂直　　B．缝宽必须一致

C．缝中不得连浆　　　　　D．缝壁必须垂直

E．缝内满灌填缝料

20．水泥混凝土面层伸缩缝中的填缝料灌注时，要注意的施工要求有（　　）。

A．缝内应干净，缝壁必须干燥、清洁

B．填缝料必须是沥青玛琋脂

C．常温施工时填缝料宜与板面平

D．冬期施工时填缝料稍低于板面

E．填缝料应与混凝土壁粘附紧密，不渗水

【答案】

一、单项选择题

1．A； 2．A； 3．B； 4．D； 5．B； 6．A； 7．D； 8．B；
9．A； 10．B； 11．B； 12．A； 13．C； 14．B； 15．A； 16．D；
17．A； 18．C； 19．B； 20．A； 21．C； 22．D； 23．B； 24．C；
25．B； 26．A； 27．C； 28．D

二、多项选择题

1．A、B、E； 2．A、C、E； 3．D、E； 4．A、B、E；
5．A、B、D、E； 6．A、B、C、D； 7．A、C、D、E； 8．A、B、C、D；
9．A、B、C、E； 10．A、B、C、E； 11．B、C、D； 12．A、C、D、E；
13．A、B、C、E； 14．B、D； 15．B、C、D、E； 16．B、C、D、E；
17．A、B、C、D； 18．A、D； 19．A、B、C、D； 20．A、C、D、E

1.4 挡土墙施工

复习要点

挡土墙结构形式及分类：挡土墙类型，各类挡土墙结构特性，挡土墙结构受力形式；挡土墙施工技术：施工一般要求，施工要点。

一 单项选择题

1．依靠墙体自重抵挡土压力作用的是（　　）挡土墙。
　　A．重力式　　　　　　　　B．钢筋混凝土悬臂式
　　C．衡重式　　　　　　　　D．钢筋混凝土扶壁式
2．当刚性挡土墙在外力作用下，向填土一侧移动，这时作用在墙上的土压力是（　　）。
　　A．水平土压力　　　　　　B．静止土压力
　　C．被动土压力　　　　　　D．主动土压力
3．使挡土墙结构发生位移最大的土压力是（　　）。
　　A．水平土压力　　　　　　B．静止土压力
　　C．主动土压力　　　　　　D．被动土压力
4．图1-1所示挡土墙的结构形式为（　　）。

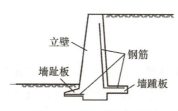

图1-1 挡土墙示意图

A．重力式 B．悬臂式
C．扶壁式 D．衡重式

5．采用片石混凝土时，可在混凝土中掺入不多于该结构体积（　　）的片石，片石的抗压强度等级符合设计要求。

A．10% B．15%
C．20% D．25%

6．砌筑式挡土墙墙体每日连续砌筑高度不宜超过（　　）m。

A．1 B．1.2
C．1.5 D．2

二、多项选择题

1．在城镇道路的填土工程、城市桥梁的桥头接坡工程中常用到（　　）挡土墙。

A．重力式 B．钢筋混凝土悬臂式
C．衡重式 D．钢筋混凝土扶壁式
E．钢筋混凝土混合式

2．钢筋混凝土悬臂式挡土墙由（　　）组成。

A．立壁 B．墙面板
C．墙趾板 D．扶壁
E．墙踵板

3．钢筋混凝土扶壁式挡土墙由（　　）组成。

A．立壁 B．墙面板
C．墙趾板 D．扶壁
E．墙踵板

【答案】

一、单项选择题
1．A； 2．C； 3．D； 4．B； 5．C； 6．B

二、多项选择题
1．A、B、C、D； 2．A、C、E； 3．B、C、D、E

1.5 城镇道路工程安全质量控制

复习要点

城镇道路工程安全技术控制要点：管线及邻近建（构）筑物的保护，道路施工安全控制；城镇道路工程质量控制要点：质量控制指标，质量控制措施；城镇道路工程季节性施工措施：冬期、雨期、高温期施工措施。

一、单项选择题

1. 碾压高填方时,应自路基边缘向路中心进行,且与填土外侧距离不得小于( )m。
   A. 0.5 B. 1
   C. 2   D. 3

2. 土方路基压实度和( )应100%合格。
   A. 纵断面高程   B. 弯沉值
   C. 中线偏位   D. 平整度

3. 土方路基修筑前应在取土地点取样进行( ),确定其最佳含水率和最大干密度。
   A. 击实试验   B. 马歇尔击实试验
   C. 压实度试验   D. 土质检测

4. 路基摊铺碾压以前,应测定土的实际含水率,控制其含水率在最佳含水率( )的范围以内。
   A. ±1%   B. ±2%
   C. ±3%   D. ±4%

5. 沥青混合料面层压实度对城市快速路、主干路不应小于( )。
   A. 90%   B. 95%
   C. 96%   D. 98%

6. 铺砌式路面用砂浆平均抗压强度等级应符合设计要求、任一组试件抗压强度最低值不应低于设计强度的( )。
   A. 90%   B. 95%
   C. 80%   D. 85%

7. 关于城镇道路土路基雨期施工的说法,正确的是( )。
   A. 集中力量,全面开花,快速施工
   B. 坚持当天挖完、压完,不留后患
   C. 填土路基应按2%～4%的横坡整平压实
   D. 因雨翻浆地段,用重型压路机重新压实

8. 城镇道路稳定类材料基层雨期施工不宜( )。
   A. 摊铺段过长
   B. 当日摊铺、当日碾压成型
   C. 未碾压的料层受雨淋后,应进行测试分析,按配合比要求重新搅拌
   D. 及时开挖排水沟或排水坑,以便尽快排除积水

9. 城镇道路雨期施工时,要防排结合,建立完善的( )。
   A. 防水系统   B. 挡水系统
   C. 排水系统   D. 监控系统

10. 水泥稳定土(粒料)类基层养护期进入冬期,应在基层施工时向基层材料中

掺入（　　）。

A．缓凝剂　　　　　　　B．速凝剂
C．减水剂　　　　　　　D．防冻剂

11．冬期施工的水泥混凝土面板，抗弯拉强度和抗压强度分别低于（　　）MPa时，严禁受冻。

A．1.5和5.0　　　　　　B．1.0和5.0
C．1.0和5.5　　　　　　D．1.5和5.5

12．下列雨期道路工程施工质量保证措施中，属于面层施工要求的是（　　）。

A．当天挖完、填完、压完，不留后患
B．应按2%～3%横坡整平压实，以防积水
C．未碾压的料层受雨淋后，应进行测试分析，按配合比要求重新搅拌
D．及时浇筑、振动、抹面成型、养护

13．下列冬期施工质量控制要求的说法中，错误的是（　　）。

A．粘层、透层、封层严禁冬期施工
B．混凝土板浇筑前，基层应无冰冻、不积冰雪、摊铺混凝土时气温不低于5℃
C．水泥混凝土拌合料可加防冻剂、缓凝剂，搅拌时间适当延长
D．水泥混凝土板弯拉强度低于1MPa或抗压强度低于5MPa时，不得受冻

二 多项选择题

1．下列道路施工安全的说法中，正确的有（　　）。

A．发现有塌方征兆时，应立即组织人员进行加固
B．人工配合施工时不得掏洞挖土和在路堑底部边缘休息
C．填土路基为土质边坡时，每侧填土宽度应大于设计宽度1m
D．严禁挖掘机等机械在电力架空线路下作业
E．挖掘路堑边坡时，边坡不得留有松动土块，防止土块滚落砸伤人

2．水泥混凝土面层质量控制指标有（　　）。

A．原材料质量　　　　　　B．混凝土弯拉强度
C．弯沉值　　　　　　　　D．混凝土面层厚度
E．构造深度

3．道路各层施工前应根据工程特点选定试验路段，以确定（　　）。

A．压实度　　　　　　　　B．机械组合
C．施工时间　　　　　　　D．松铺厚度
E．最佳含水率

4．下列关于基层施工质量控制的说法正确的有（　　）。

A．石灰稳定土基层严禁用薄层贴补的办法找平
B．水泥稳定材料基层宜在水泥终凝时间到达前碾压成型
C．级配碎石（碎砾石）、级配砾石（砂砾）基层每层摊铺虚厚不宜超过30cm

D. 石灰土基层应湿养，养护期不宜少于14d

E. 石灰工业废渣（石灰粉煤灰）稳定砂砾（碎石）基层养护期间宜封闭交通

5. 关于路面面层雨期施工条件要求，正确的有（   ）。

   A. 沥青面层施工应加强施工现场与沥青拌合厂的联系，做到及时摊铺、及时完成碾压

   B. 沥青面层可以在下小雨时施工

   C. 水泥路面施工应严格掌握配合比和砂石集料的含水率

   D. 雨期施工准备应以预防为主，掌握施工主动权

   E. 沥青面层施工现场要支搭简易、轻便工作罩棚，以便下雨时继续完成

6. 道路雨期施工基本要求有（   ）等。

   A. 以预防为主，掌握主动权　　B. 按常规安排工期

   C. 做好排水系统，防排结合　　D. 发现积水、挡水处及时疏通

   E. 准备好防雨物资

7. 沥青混凝土面层如必须进行冬期施工时，应做到（   ）。

   A. 适当提高沥青混合料拌合、出厂及施工温度

   B. 摊铺时间宜安排在一天内气温较高时进行

   C. 碾压完成后应及时覆盖保温

   D. "快卸、快铺、快平"，及时碾压成型

   E. 下承层表面应清洁、干燥，无冰、雪、霜等

8. 关于路基冬期施工的说法，正确的有（   ）。

   A. 城市快速路、主干路的路基不应用含有冻土块的土料填筑

   B. 采用机械为主、人工为辅方式开挖冻土，挖到设计标高立即碾压成型

   C. 如当日达不到设计标高，下班前应将操作面刨松或覆盖，防止冻结

   D. 次干路以下道路填土材料中，冻土块含量不大于20%

   E. 冻土、好土分开使用

9. 无机结合料稳定类道路基层进入冬期施工，其特点和避害措施有（   ）。

   A. 适当加一定浓度的盐水，以降低冰点

   B. 加热水快拌、快运、快铺

   C. 石灰及石灰粉煤灰稳定土（粒料）类基层宜在进入冬期前30～45d停止施工

   D. 水泥稳定土（粒料）类基层，宜在进入冬期前15～30d停止施工

   E. 增加稳定剂含量

【答案】

一、单项选择题

1. A；　2. B；　3. A；　4. B；　5. C；　6. D；　7. B；　8. A；
9. C；　10. D；　11. B；　12. D；　13. C

二、多项选择题

1. B、D、E；
2. A、B、D、E；
3. B、D；
4. A、C、E；
5. A、C、D；
6. A、C、D、E；
7. A、B、D、E；
8. A、B、C；
9. C、D

第 2 章　城市桥梁工程

2.1　城市桥梁结构形式及通用施工技术

复习要点

城市桥梁结构组成与类型：桥梁基本组成与常用术语，桥梁主要类型；桥梁结构施工通用技术：模板、支架和拱架的设计、制作、安装与拆除技术，钢筋施工技术，混凝土施工技术；预应力混凝土施工技术。

一　单项选择题

1. 按上部结构的行车道位置分，梁式桥通常属于（　　）桥。
    A．上承式　　　　　　　　B．中承式
    C．下承式　　　　　　　　D．悬承式
2. 桥梁全长是指（　　）。
    A．多孔桥梁中各孔净跨径的总和
    B．单孔拱桥两拱脚截面形心点之间的水平距离
    C．桥梁两端两个桥台的侧墙或八字墙后端点之间的距离
    D．单跨桥梁两个桥台之间的净距
3. 桥跨结构相邻两个支座中心之间的距离为（　　）。
    A．净跨径　　　　　　　　B．计算跨径
    C．总跨径　　　　　　　　D．桥梁全长
4. 人行天桥是按（　　）对桥梁进行分类的。
    A．用途　　　　　　　　　B．跨径
    C．材料　　　　　　　　　D．人行道位置
5. 对用于搭设支架的地基的要求中，错误的是（　　）。
    A．必须有足够承载力　　　B．严禁被水浸泡
    C．必须满铺钢板　　　　　D．冬期施工必须采取防冻胀措施
6. 钢框胶合板模板的组配面板宜采用（　　）布置。
    A．通缝　　　　　　　　　B．直缝
    C．斜缝　　　　　　　　　D．错缝
7. 关于桥梁模板及承重支架的设计与施工的说法，错误的是（　　）。
    A．模板及支架应具有足够的承载力、刚度和稳定性
    B．支架立柱高于 5m 时，应在两横撑之间加双向剪刀撑
    C．支架通行孔的两边应加护桩，夜间设警示灯
    D．施工脚手架应与支架相连，以提高整体稳定性
8. 各类模板、支架、拱架设计（　　）遵守《施工脚手架通用规范》GB 55023—2022。

A．必须 B．应该
C．均宜 D．均可

9. 关于模板、支架和拱架制作与安装的说法，错误的是（　　）。
   A．施工脚手架禁止采用竹（木）材料搭设
   B．门式钢管支撑架不得用于搭设满堂承重支架体系
   C．充气胶囊禁止用作空心构件芯模
   D．模板在安装过程中宜设置防倾覆设施

10. 钢筋应按不同钢种、等级、牌号、规格及生产厂家分批抽取试样进行（　　）检验。
    A．力学性能 B．焊接性能
    C．化学成分 D．金相结构

11. 盘卷钢筋禁止用（　　）调直。
    A．调直台 B．调直机
    C．蛇形管调直架 D．卷扬机

12. 下列关于钢筋弯制的说法中，错误的是（　　）。
    A．钢筋宜在常温状态下弯制，不宜加热
    B．钢筋宜从中部开始逐步向两端弯制，弯钩应一次弯成
    C．用于抗震结构的箍筋，弯钩平直部分长度不得小于箍筋直径的 5 倍
    D．受力钢筋弯制和末端弯钩均应符合设计要求

13. 钢筋骨架和钢筋网片的交叉点焊接宜采用（　　）。
    A．电阻点焊 B．闪光对焊
    C．埋弧压力焊 D．电弧焊

14. 即使普通混凝土受拉构件中的主钢筋直径 $\phi \leqslant 22\mathrm{mm}$，也不得采用（　　）连接。
    A．焊接 B．挤压套筒
    C．绑扎 D．直螺纹

15. 施工中钢筋受力分不清受拉、受压的，按受（　　）处理。
    A．拉 B．压
    C．弯 D．扭

16. 下列钢筋接头设置的规定中，错误的是（　　）。
    A．在同一根钢筋上宜少设接头
    B．钢筋接头应设在受力较小区段，不宜位于构件的最大弯矩处
    C．接头末端至钢筋弯起点的距离不得小于钢筋直径的 10 倍
    D．钢筋接头部位横向净距不得小于钢筋直径，且不得小于 20mm

17. 下列钢筋骨架制作和组装的规定中，不符合规范要求的是（　　）。
    A．钢筋骨架的焊接应在坚固的工作台上进行
    B．组装时应按设计图纸放大样，放样时应考虑骨架预拱度
    C．简支梁钢筋骨架预拱度应符合设计和规范规定
    D．骨架接长焊接时，不同直径钢筋的边线应在同一平面上

18. 对强度等级C60及其以上的高强度混凝土，当混凝土方量较少时，宜（　　）评定混凝土强度。

   A．留取不少于10组的试件，采用标准差未知统计方法
   B．留取不少于10组的试件，采用标准差已知统计方法
   C．留取不少于20组的试件，采用标准差未知统计方法
   D．留取不少于20组的试件，采用非统计方法

19. 施工配合比设计阶段，根据实测砂石（　　）进行配合比调整，提出施工配合比。

   A．重量   B．堆积密度
   C．含水率   D．级配

20. 在混凝土生产过程中，对砂石料含水率的检测，每一工作班不应少于（　　）次。

   A．1   B．2
   C．3   D．4

21. 搅拌时间是混凝土拌合时的重要控制参数，在使用机械搅拌时，它是指（　　）。

   A．自全部骨料装入搅拌机开始搅拌起，至开始卸料时止，延续搅拌的最短时间
   B．自水泥装入搅拌机开始搅拌起，至开始卸料时止，延续搅拌的最短时间
   C．自全部胶结料装入搅拌机开始搅拌起，至开始卸料时止，延续搅拌的最短时间
   D．自全部材料装入搅拌机开始搅拌起，至开始卸料时止，延续搅拌的最短时间

22. 混凝土拌合物坍落度的检测，每一工作班或每一单元结构物不应少于（　　）次。

   A．1   B．2
   C．3   D．4

23. 不能用于桥梁预应力筋的是（　　）。

   A．高强度钢丝   B．高强度钢绞线
   C．光圆钢筋   D．精轧螺纹钢筋

24. 预应力筋和金属管道在室外存放时间不宜超过（　　）个月。

   A．3   B．4
   C．5   D．6

25. 用作预应力筋管道的平滑钢管和高密度聚乙烯管，其壁厚不得小于（　　）mm。

   A．2.0   B．2.5
   C．3.0   D．3.5

26. 一般情况下，管道的内横截面积至少应是预应力筋净截面积的（　　）倍。

   A．1.0   B．1.5
   C．2.0   D．2.5

27. 在同种材料和同一生产工艺条件下，锚具、夹片应以不超过（　　）套为一个验收批。

   A．500   B．600
   C．800   D．1000

28. 切断预应力筋不得采用（　　）。
    A．砂轮锯　　　　　　　　　B．切断机
    C．大力剪　　　　　　　　　D．电弧切割

29. 预应力筋采用镦头锚固时，高强度钢丝宜采用（　　）。
    A．液压冷镦　　　　　　　　B．冷冲镦粗
    C．电热镦粗　　　　　　　　D．电热镦粗＋热处理

30. 23m长的钢绞线束移运时至少应设支点（　　）个。
    A．5　　　　　　　　　　　　B．6
    C．7　　　　　　　　　　　　D．8

31. 钢绞线编束时，应逐根梳理直顺不扭转，（　　），不得互相缠绕。
    A．每隔0.5m用火烧铁丝绑扎牢固
    B．每隔1.0m用火烧铁丝绑扎牢固
    C．每隔0.5m用镀锌铁丝绑扎牢固
    D．每隔1.0m用镀锌铁丝绑扎牢固

32. 预应力混凝土中水泥用量不宜大于（　　）kg/m³。
    A．550　　　　　　　　　　　B．480
    C．450　　　　　　　　　　　D．500

33. 预应力混凝土中严禁使用含（　　）的外加剂。
    A．氯化物　　　　　　　　　B．磷酸盐
    C．氮化物　　　　　　　　　D．硫酸钠

34. 在后张法预应力筋曲线孔道的最低部位宜留（　　）。
    A．压浆孔　　　　　　　　　B．排水孔
    C．溢浆孔　　　　　　　　　D．排气孔

35. 当空气中盐分过大时，从穿完预应力筋至孔道灌浆完成的时间应控制在（　　）d之内。
    A．7　　　　　　　　　　　　B．10
    C．15　　　　　　　　　　　D．20

36. 孔道压浆宜采用水泥浆。水泥浆的强度应符合设计要求，设计无要求时不得低于（　　）MPa。
    A．30　　　　　　　　　　　B．25
    C．20　　　　　　　　　　　D．15

37. 关于预应力施工的说法，错误的是（　　）。
    A．预应力筋实际伸长值与理论伸长值之差应控制在±6%以内
    B．预应力超张拉的目的是减少孔道摩阻损失的影响
    C．后张法曲线孔道的波峰部位应留排气孔
    D．曲线预应力筋宜在两端张拉

二、多项选择题

1. 下列说法中属于梁式桥特征的有（　　）。
   A．在竖向荷载作用下无水平反力
   B．外力作用方向与承重结构的轴线接近垂直
   C．与同样跨径的其他结构体系相比，梁内产生的弯矩最大
   D．只能用预应力钢筋混凝土建造
   E．通常需用抗弯能力强的材料建造

2. 梁式桥的下部结构是指（　　）。
   A．桥跨结构　　　　　　　B．支座系统
   C．桥墩　　　　　　　　　D．桥台
   E．墩台基础

3. 关于支架、拱架搭设要求，正确的有（　　）。
   A．支架立柱底端必须放置垫板或混凝土垫块
   B．支架通行孔的两边应加护桩，夜间应设警示灯
   C．易受漂流物冲撞的河中支架应设牢固的防护设施
   D．支架或拱架应与施工脚手架、便桥相连
   E．支架、拱架安装完毕，经检验合格后方可安装模板

4. 关于模板搭设、拆除要求，正确的有（　　）。
   A．安装模板应与钢筋工序配合进行
   B．安装墩台模板时，其底部应与基础预埋件连接牢固，上部应采用拉杆固定
   C．模板在安装过程中，必须设置防倾覆设施
   D．预应力混凝土结构的底模应在结构建立预应力后拆除
   E．拆除非承重侧模应在混凝土强度达到 2MPa 以上

5. 计算桥梁墩台侧模强度时采用的荷载有（　　）。
   A．新浇筑钢筋混凝土自重　　B．振捣混凝土时的荷载
   C．新浇筑混凝土对侧模的压力　D．施工机具荷载
   E．倾倒混凝土时产生的水平冲击荷载

6. 现浇钢筋混凝土预应力箱梁模板支架刚度验算时，在冬期施工的荷载组合包括（　　）。
   A．模板、支架自重　　　　　B．现浇箱梁自重
   C．施工人员、堆放施工材料荷载　D．风雪荷载
   E．倾倒混凝土时产生的水平冲击荷载

7. 钢筋施工包括（　　）等内容。
   A．钢筋验收　　　　　　　B．钢筋运输
   C．钢筋加工　　　　　　　D．钢筋连接
   E．钢筋骨架和钢筋网的组成与安装

8. 钢筋混凝土结构所用钢筋的（　　）等均应符合设计要求和现行国家标准。
   A．品种　　　　　　　　B．等级
   C．规格　　　　　　　　D．牌号
   E．性能

9. 钢筋在运输、储存、加工过程中应防止（　　）。
   A．锈蚀　　　　　　　　B．污染
   C．浸水　　　　　　　　D．变形
   E．冷冻

10. 钢筋下料前应核对（　　），并应根据设计要求配料。
    A．品种　　　　　　　　B．钢筋长度
    C．规格　　　　　　　　D．加工数量
    E．等级

11. 钢筋下料后应按（　　）分别挂牌标明。
    A．品种　　　　　　　　B．种类
    C．规格　　　　　　　　D．使用部位
    E．等级

12. 钢筋与钢板的T形连接宜采用（　　）。
    A．电弧焊　　　　　　　B．闪光对焊
    C．埋弧压力焊　　　　　D．氩弧焊
    E．电阻点焊

13. 下列钢筋现场绑扎规定中，正确的有（　　）。
    A．钢筋的交叉点应采用0.7～2mm铁丝绑牢，必要时可辅以点焊
    B．钢筋网的外围两行钢筋交叉点应全部扎牢
    C．钢筋骨架的多层钢筋之间，应用短钢筋支垫，确保位置准确
    D．双向受力的钢筋网，钢筋交叉点必须全部扎牢
    E．各种断面形状柱的所有竖向钢筋弯钩平面应朝向断面中心

14. 下列设计无规定时混凝土中钢筋保护层厚度的说法，正确的有（　　）。
    A．普通钢筋和预应力直线形钢筋的最小保护层厚度不得小于钢筋公称直径
    B．后张法构件预应力直线形钢筋的最小保护层厚度不得小于其管道直径的1/2
    C．钢筋机械连接件的最小保护层厚度不得小于20mm
    D．应在钢筋与模板之间设置垫块，浇筑混凝土前检查垫块数量、位置和紧固程度
    E．垫块应布置成矩形，并与钢筋绑扎牢固

15. 混凝土雨期施工应增加砂石料含水率的测定次数，根据测定结果调整（　　）用量。
    A．水泥　　　　　　　　B．砂石料
    C．粉煤灰　　　　　　　D．水
    E．减水剂

16. 关于混凝土拌合物坍落度的检测规定，正确的有（　　）。
    A．应在搅拌地点和浇筑地点分别随机取样检测
    B．混凝土从出料至入模的时间不超过 20min，可仅在搅拌地点检测
    C．每一工作班或每一单元结构物检测不应少于一次
    D．评定时应以浇筑地点的测值为准
    E．在检测坍落度时，还应观察混凝土拌合物的黏聚性和保水性

17. 下列关于混凝土运输的说法中正确的有（　　）。
    A．运送混凝土的容器或管道应不漏浆、不吸水、内壁光滑平整
    B．应保持混凝土的均匀性，不产生分层、离析现象
    C．出现分层、离析现象时，应对混凝土进行二次快速搅拌
    D．运输能力应满足混凝土凝结速度和浇筑速度的要求
    E．坍落度不符合要求时，可向搅拌车内加适量的水并搅拌均匀

18. 下列关于混凝土浇筑的说法中正确的有（　　）。
    A．浇筑前应检查模板、支架的承载力、刚度、稳定性
    B．确认钢筋及预埋件的位置、规格符合设计要求并做好记录
    C．大方量混凝土浇筑应事先制定浇筑方案
    D．运输、浇筑及间歇的全部时间不应超过混凝土的终凝时间
    E．振捣延续时间，以混凝土表面呈现浮浆、不出现气泡和不再沉落为准

19. 下列关于混凝土洒水养护的说法中正确的有（　　）。
    A．应在混凝土收浆后尽快予以覆盖和洒水养护
    B．当气温低于 5℃时，不得对混凝土洒水养护
    C．抗渗或高强度混凝土洒水养护时间不少于 14d
    D．矿渣硅酸盐水泥的混凝土洒水养护时间不少于 14d
    E．使用真空吸水的混凝土，可在保证强度条件下适当缩短养护时间

20. 配制高强度混凝土的矿物掺合料可选用（　　）。
    A．优质粉煤灰　　　　　　　B．磨细矿渣粉
    C．磨细石灰粉　　　　　　　D．硅粉
    E．磨细天然沸石粉

21. 常用的混凝土外加剂有（　　）。
    A．减水剂　　　　　　　　　B．早强剂
    C．缓凝剂　　　　　　　　　D．速凝剂
    E．稀释剂

22. 水泥混凝土路面施工时，应在（　　）设置胀缝。
    A．检查井周围　　　　　　　B．纵向施工缝
    C．结构物衔接处　　　　　　D．道路交叉
    E．填挖土方变化处

23. 锚具、夹具和连接器进场时，确认其锚固性能类别、型号、规格、数量后进行（　　）。
    A．外观检查　　　　　　　　B．强度检验

C．硬度检验　　　　　　　　D．静载锚固性能试验

E．动载锚固性能试验

24．金属螺旋管道进场时，应检查和检验的项目有（　　）。

A．出厂合格证和质量保证书

B．核对类别、型号、规格及数量

C．外观、尺寸、集中荷载下的径向刚度

D．荷载作用后的抗渗及抗弯曲渗漏

E．制作金属螺旋管的钢带厚度不宜小于0.25mm

25．预应力钢绞线进场时应检查和检验的项目有（　　）。

A．表面质量　　　　　　　　B．弯曲试验

C．外形尺寸　　　　　　　　D．伸长率试验

E．力学性能试验

26．预应力混凝土应优先采用（　　）水泥。

A．硅酸盐　　　　　　　　　B．普通硅酸盐

C．矿渣硅酸盐　　　　　　　D．火山灰质硅酸盐

E．粉煤灰硅酸盐

27．下列选项中符合预应力混凝土配制要求的有（　　）。

A．水泥用量不宜大于550kg/m³

B．不宜使用矿渣硅酸盐水泥

C．粗骨料应采用碎石，其粒径宜为5～25mm

D．水溶性氯离子最大含量不应超过胶凝材料用量的0.09%

E．严禁使用含氯化物的外加剂、引气剂、引气型减水剂

28．下列预应力张拉施工规定中，正确的有（　　）。

A．预应力筋的张拉控制应力必须符合设计规定

B．预应力筋采用应力控制方法张拉时，应以伸长值进行校核

C．伸长值应从初应力时开始量测

D．实际伸长值与理论伸长值的差值应符合设计要求

E．设计无规定时，实际伸长值与理论伸长值之差应控制在8%以内

29．下列先张法预应力张拉施工规定中，正确的有（　　）。

A．张拉台座应具有足够的强度和刚度

B．锚板受力中心应与预应力筋合力中心一致

C．同时张拉多根预应力筋时，各根预应力筋的初始应力差值不得大于5%

D．预应力筋就位后，严禁使用电弧焊对梁体钢筋及模板进行切割或焊接

E．设计未规定时，应分阶段、对称、交错地放张

30．下列后张法预应力张拉施工规定中，正确的有（　　）。

A．设计未要求，张拉时混凝土构件的强度不得低于设计值的70%

B．张拉前应根据设计要求对孔道的摩阻损失进行实测

C．长度小于25m的直线预应力筋，可在一端张拉

D．当设计无要求时，预应力筋的张拉顺序宜先中间，后上、下或两侧

E．张拉控制应力达到稳定后方可锚固

31．下列后张法预应力孔道压浆与封锚规定中，正确的有（　　　）。

A．压浆过程中及压浆后 24h 内，结构混凝土的温度不得低于 5℃

B．多跨连续有连接器的预应力筋孔道，应张拉完一段灌注一段

C．压浆作业，每一工作班应留取不少于 3 组水泥浆试块，标养 28d

D．当白天气温高于 35℃时，压浆宜在夜间进行

E．封锚混凝土的强度等级不宜低于结构混凝土强度等级的 75%，且不低于 30MPa

32．在预应力筋张拉过程中，不得出现（　　　）现象。

A．断丝　　　　　　　　B．持荷

C．滑丝　　　　　　　　D．减荷

E．断筋

33．在二类以上市政工程项目预制场内进行后张法预应力构件施工时，不得使用（　　　）。

A．非数控预应力强拉设备　　　B．采用人工手动操作进行孔道压浆的设备

C．数控预应力张拉设备　　　　D．数控压浆设备

E．商品砂浆

【答案】

一、单项选择题

1．A；　2．C；　3．B；　4．A；　5．C；　6．D；　7．D；　8．A；
9．D；　10．A；　11．D；　12．C；　13．A；　14．C；　15．A；　16．D；
17．D；　18．A；　19．C；　20．A；　21．D；　22．B；　23．C；　24．D；
25．A；　26．C；　27．D；　28．D；　29．A；　30．D；　31．B；　32．A；
33．A；　34．B；　35．A；　36．A；　37．B

二、多项选择题

1．A、B、C、E；　　2．C、D、E；　　3．A、B、C、E；　　4．A、B、C、D；
5．C、E；　　　　　6．A、B、D；　　7．C、D、E；　　　8．A、C、E；
9．A、B、D；　　　10．A、C、D、E；　11．B、D；　　　　12．A、C；
13．A、B、C、D；　14．A、B、C、D；　15．B、D；　　　　16．A、D、E；
17．A、B、C、D；　18．A、B、C、E；　19．A、B、C、E；　20．A、B、D、E；
21．A、B、C、D；　22．C、D、E；　　23．A、C、D；　　　24．A、B、C、D；
25．A、C、E；　　 26．A、B；　　　　27．A、B、C、E；　28．A、B、C、D；
29．A、B、D、E；　30．B、C、D、E；　31．B、C、D；　　 32．A、C、E；
33．A、B

2.2 城市桥梁下部结构施工

复习要点

各类围堰施工要求：围堰施工的一般要求，各类围堰适用范围，土围堰施工要求，土袋围堰施工要求，钢板桩围堰施工要求，钢筋混凝土板桩围堰施工要求，套箱围堰施工要求，双臂钢围堰施工要求；桩基础施工方法与设备选择：沉入桩基础，钻孔灌注桩基础；墩台、盖梁施工技术：承台施工，现浇混凝土桥台、桥墩、盖梁，预制安装桥墩和盖梁，重力式砌体桥台、桥墩。

一、单项选择题

1. 土围堰内坡脚与基坑顶边缘的距离不得小于（　　）m。
   A．1.0　　　　　　　　　B．1.1
   C．1.2　　　　　　　　　D．1.3

2. 机械挖基时，土围堰堰顶的宽度不宜小于（　　）m。
   A．3.5　　　　　　　　　B．3.0
   C．2.5　　　　　　　　　D．2.0

3. 钢板桩围堰施打顺序按施工组织设计规定进行，一般（　　）。
   A．由下游分两头向上游施打至合龙
   B．由上游开始逆时针施打至合龙
   C．由上游分两头向下游施打至合龙
   D．由上游开始顺时针施打至合龙

4. 现场填筑土围堰的填筑材料不应用（　　）。
   A．黏性土　　　　　　　　B．粉质黏土
   C．砂质黏土　　　　　　　D．砂土

5. 关于沉入桩准备工作的说法，错误的是（　　）。
   A．沉桩前应掌握工程地质钻探资料、水文资料和打桩资料
   B．处理地上（下）障碍物，平整场地，并应满足沉桩所需的地面承载力
   C．在城区、居民区等人员密集的场所应根据现场环境状况采取降低噪声措施
   D．用于地下水有侵蚀性的地区或腐蚀性土层的钢桩应按照设计要求做好防腐处理

6. 应通过试桩或做沉桩试验后会同监理及设计单位研究确定的沉入桩指标是（　　）。
   A．贯入度　　　　　　　　B．桩端标高
   C．桩身强度　　　　　　　D．承载能力

7. 应慎用射水沉桩的土层是（　　）。
   A．砂类土　　　　　　　　B．黏性土
   C．碎石土　　　　　　　　D．风化岩

8. 钻孔埋桩宜用于（   ）。
   A. 砂类土、黏性土
   B. 密实的黏性土、砾石、风化岩
   C. 软黏土（标准贯入度 $N<20$）、淤泥质土
   D. 黏土、砂土、碎石土且河床覆土较厚的情况
9. 在钻孔灌注桩钻孔过程中，护筒顶面宜高出施工水位或地下水（   ）m 以上。
   A. 1.0   B. 1.5
   C. 1.8   D. 2.0
10. 为确保灌注桩顶质量，在桩顶设计标高以上应加灌一定高度，一般不宜小于（   ）m。
    A. 0.5   B. 0.4
    C. 0.3   D. 0.2
11. 钻孔灌注桩浇筑水下混凝土时，导管埋入混凝土深度最多为（   ）m。
    A. 2   B. 4
    C. 6   D. 8
12. 只能用于地下水位以上的钻孔灌注桩成孔机械是（   ）。
    A. 旋挖钻   B. 长螺旋钻
    C. 冲抓钻   D. 冲击钻
13. 钻孔灌注桩所用的水下混凝土须具备良好的和易性，坍落度至少宜为（   ）mm。
    A. 220   B. 200
    C. 180   D. 160
14. 宜采用锤击沉桩的情况是（   ）。
    A. 在黏土、砂土、碎石土，且较厚的河床覆土中沉桩
    B. 在密实的黏性土、砾石、风化岩中沉桩
    C. 在软黏土（标准贯入度 $N<20$）、淤泥质土中沉桩
    D. 在砂类土、黏性土中沉桩
15. 地下水位以下土层的桥梁钻孔灌注桩基础施工，不应采用的成桩设备是（   ）。
    A. 正循环回旋钻机   B. 旋挖钻机
    C. 长螺旋钻机   D. 冲孔钻机
16. 预制桩的接桩不宜使用的连接方法是（   ）。
    A. 焊接   B. 法兰连接
    C. 环氧类结构胶连接   D. 机械连接
17. 关于承台施工要求的说法，正确的是（   ）。
    A. 承台施工前应检查基桩位置，确认符合设计要求
    B. 承台基坑无水，设计无要求，基底可铺 10cm 厚碎石垫层
    C. 承台基坑有渗水，设计无要求，基底应浇筑 10cm 厚混凝土垫层
    D. 水中高桩承台采用套箱法施工时，套箱顶面高程可等于施工期间的最高水位
18. 关于重力式混凝土墩台分块浇筑时接缝做法，正确的是（   ）。
    A. 应与墩台截面尺寸较小的一边平行，邻层分块接缝应错开，接缝宜做成斜

口形

B. 应与墩台截面尺寸较小的一边平行，邻层分块接缝应错开，接缝宜做成企口形

C. 应与墩台截面尺寸较大的一边平行，邻层分块接缝应错开，接缝宜做成斜口形

D. 应与墩台截面尺寸较大的一边平行，邻层分块接缝应错开，接缝宜做成企口形

19. 柱式墩台模板、支架除应满足强度、刚度要求外，稳定计算中还应考虑（　　）影响。

   A. 振捣　　　　　　　　　　B. 冲击
   C. 风力　　　　　　　　　　D. 水力

20. 水平截面积 300m² 以内的墩台，分块浇筑混凝土时，分块数量不得超过（　　）块。

   A. 6　　　　　　　　　　　B. 5
   C. 4　　　　　　　　　　　D. 3

21. 钢管混凝土墩柱应采用（　　）混凝土，一次连续浇筑完成。

   A. 补偿收缩　　　　　　　　B. 自流平
   C. 速凝　　　　　　　　　　D. 早强

22. 在城镇交通繁华路段施工盖梁时，宜采用（　　），以减少占路时间。

   A. 快装组合模板、门式支架　　B. 整体组装模板、快装组合支架
   C. 整体组装模板、碗扣式支架　D. 快装组合模板、贝雷支架

23. 关于预应力悬臂盖梁混凝土浇筑和底模拆除要求的说法，正确的是（　　）。

   A. 混凝土浇筑从固定端开始；孔道压浆强度达到设计强度后，拆除底模板
   B. 混凝土浇筑从固定端开始；孔道压浆强度达到设计强度80%后，拆除底模板
   C. 混凝土浇筑从悬臂端开始；孔道压浆强度达到设计强度后，拆除底模板
   D. 混凝土浇筑从悬臂端开始；孔道压浆强度达到设计强度80%后，拆除底模板

24. 采用预制混凝土管做柱身外模时，下列预制管安装要求中，错误的是（　　）。

   A. 基础面宜采用凹槽接头，凹槽深度不得小于30mm
   B. 管柱四周用四根竖方木对称绑扎牢固
   C. 混凝土管柱外模应设斜撑
   D. 管节接缝应采用水泥砂浆等材料密封

25. 桥台后背 0.8~1.0m 范围内回填，不得采用的材料是（　　）。

   A. 黏质粉土　　　　　　　　B. 级配砂砾
   C. 石灰粉煤灰稳定砂砾　　　D. 水泥稳定砂砾

二　多项选择题

1. 现场填筑土围堰的填筑材料宜用（　　）。

   A. 黏性土　　　　　　　　　B. 粉质黏土

C．砂质黏土　　　　　　　　D．砂土
E．碎石土

2. 钢筋混凝土板桩围堰适用于（　　）河床。
   A．黏性土　　　　　　　　　B．粉性土
   C．砂类土　　　　　　　　　D．湿陷性黄土
   E．碎石类土

3. 对地质复杂的大桥、特大桥，沉入桩施工前应进行试桩，其目的是（　　）。
   A．检验桩的承载能力　　　　B．确定贯入度
   C．确定沉桩工艺　　　　　　D．确定桩端标高
   E．确定桩身强度

4. 关于沉入桩施工技术要点，正确的有（　　）。
   A．沉桩时，桩锤、桩帽或送桩帽应和桩身在同一中心线上
   B．桩身垂直度偏差不得超过1%
   C．接桩可采用焊接、法兰连接或机械连接
   D．终止锤击应以控制桩端设计标高为主，贯入度为辅
   E．沉桩过程中应加强对邻近建筑物、地下管线等的观测、监护

5. 下列沉入桩的打桩顺序中，正确的有（　　）。
   A．密集群桩由中心向四周对称施打
   B．密集群桩由中心向两个方向对称施打
   C．先打浅桩，后打深桩
   D．先打大桩，后打小桩
   E．先打长桩，后打短桩

6. 泥浆制备中根据施工机械、工艺及穿越土层情况进行配合比设计，宜选用（　　）。
   A．高塑性黏土　　　　　　　B．膨润土
   C．粉质黏土　　　　　　　　D．黏性土
   E．粉土

7. 下列正、反循环钻孔的说法中，正确的有（　　）。
   A．泥浆护壁成孔时根据泥浆补给情况控制钻进速度，保持钻机稳定
   B．发生斜孔、塌孔和护筒周围冒浆、失稳等现象时，应停钻采取相应措施
   C．达到设计深度，灌注混凝土之前，孔底沉渣厚度应符合设计要求
   D．设计未要求时，端承型桩的沉渣厚度不应大于150mm
   E．设计未要求时，摩擦型桩的沉渣厚度不应大于300mm

8. 冲击钻成孔中遇到（　　）等情况时，应采取措施后方可继续施工。
   A．斜孔　　　　　　　　　　B．缩孔
   C．梅花孔　　　　　　　　　D．失稳
   E．塌孔

9. 下列冲击钻成孔的说法中，正确的有（　　）。
   A．冲击钻开孔时应高锤密击，反复冲击造壁，保持孔内泥浆面稳定
   B．每钻进4～5m应验孔一次，在更换钻头前或容易缩孔处，均应验孔并应做

记录

C．冲孔中遇到斜孔、梅花孔、塌孔等情况时，应采取措施后方可继续施工

D．排渣过程中可视浆液面高差补给泥浆

E．稳定性差的孔壁应采用泥浆循环或抽渣筒排渣，清孔后灌注混凝土之前的泥浆指标应符合要求

10．关于灌注钻孔桩水下混凝土所用导管的要求，正确的有（　　）。

A．导管内壁应光滑圆顺，直径宜为20～30cm，节长宜为2m

B．导管轴线偏差不宜超过孔深的1%，且不宜大于10cm

C．导管采用法兰盘接头宜加锥形活套

D．采用螺旋丝扣型接头宜加防松脱装置

E．使用前应试拼、试压，试压的压力宜为孔底静水压力的1.5倍

11．关于钻孔桩钢筋笼与混凝土灌注施工要点，错误的有（　　）。

A．钢筋笼制作、运输和吊装过程中应防止其变形

B．钢筋笼放入泥浆后5h内必须浇筑混凝土

C．宜采用预拌混凝土，其骨料粒径不宜大于45mm

D．浇筑时混凝土的温度不得低于5℃

E．当气温高于30℃时，应根据具体情况对混凝土采取缓凝措施

12．关于旋挖成孔的说法，正确的有（　　）。

A．根据不同的地层情况及地下水位埋深，采用不同的成孔工艺

B．应经常检查钻斗和钻杆连接销子、钻斗门连接销子以及钢丝绳的状况

C．泥浆制备能力应与钻孔泥浆需求量相同

D．旋挖钻机成孔应采用跳挖方式

E．孔底沉渣厚度控制指标符合要求

13．关于重力式混凝土墩台施工要求，正确的有（　　）。

A．墩台混凝土浇筑前应对基础混凝土顶面做凿毛处理，清除锚筋污锈

B．墩台混凝土宜水平分层浇筑，每层高度宜为1m

C．墩台混凝土分块浇筑时，每块面积不得小于50m²

D．明挖基础上灌注墩台第一层混凝土时，要防止水分被基础吸收

E．应选用低流动度的或半干硬性的混凝土

14．关于重力式砌体墩台施工要求，正确的有（　　）。

A．墩台砌筑前，应清理基础，保持洁净，并测量放线，设置线杆

B．墩台砌体应采用坐浆法分层砌筑，竖缝均应错开，不得贯通

C．砌筑墩台镶面石应从直线部分开始

D．桥墩分水体镶面石的抗压强度不得低于设计要求

E．砌筑的石料和混凝土预制块应清洗干净，保持湿润

15．关于柱式墩台施工要求，正确的有（　　）。

A．墩台柱与承台基础接触面应凿毛处理，清除钢筋污锈

B．浇筑墩台柱混凝土时，应铺一层同配合比的水泥砂浆

C．柱身高度内有系梁连接时，系梁应与柱同步浇筑

D．V形墩柱混凝土应对称浇筑
E．柱身高度内有系梁连接时，系梁与柱分别浇筑

16．关于现浇混凝土盖梁的说法，正确的有（　　）。
A．在交通繁华路段施工盖梁，宜采用整体组装模板、快装组合支架
B．悬臂盖梁浇筑混凝土应从悬臂端开始
C．禁止使用无漏油保险装置的液压千斤顶卸落模板工艺
D．预应力钢筋混凝土盖梁拆除底模时间应符合设计要求
E．设计无要求时，只要在孔道压浆强度达到设计强度80%后，便可拆除底模板

【答案】

一、单项选择题
1．A；　2．B；　3．C；　4．D；　5．C；　6．A；　7．B；　8．D；
9．D；　10．A；　11．C；　12．B；　13．C；　14．D；　15．C；　16．C；
17．A；　18．B；　19．C；　20．D；　21．A；　22．B；　23．C；　24．A；
25．A

二、多项选择题
1．A、B、C；　2．A、C、E；　3．A、C；　4．A、C、D、E；
5．A、B、D、E；　6．A、B；　7．A、B、C、E；　8．A、C、E；
9．B、C、D、E；　10．A、C、E；　11．B、C；　12．A、B、D；
13．A、C、D；　14．A、B、D、E；　15．A、B、C、D；　16．A、B、C、D

2.3 桥梁支座施工

复习要点

支座类型：桥梁支座的作用，桥梁支座的分类；支座施工技术：支座产品，支座施工一般要求，板式橡胶支座，盆式橡胶支座。

一 单项选择题

1．下列关于简支梁支座功能要求的说法，错误的是（　　）。
A．必须具有足够的承载能力　　B．滑动支座适应梁体自由伸缩
C．固定支座仅传递水平力　　　D．必要时可以进行更换

2．支座进场后，应对其检查的说法，错误的是（　　）。
A．专业厂家制造资质　　B．产品合格证
C．规格及数量　　　　　D．出厂性能试验报告

二 多项选择题

1. 城市桥梁中常用的支座主要为（   ）。
   A．板式橡胶支座 B．钢支座
   C．盆式橡胶支座 D．聚四氟乙烯支座
   E．弧形支座

2. 下列支座施工的一般要求中，正确的有（   ）。
   A．垫石混凝土的强度必须符合施工要求
   B．当实际支座安装温度与设计要求不同时，应通过计算设置支座顺桥方向的预偏量
   C．安装单（双）向活动支座时，应确保支座滑板的主要滑移方向符合施工要求
   D．垫石上的预留螺栓孔采用微膨胀灌浆材料进行填充密实
   E．必要时宜考虑环境温度、预应力、混凝土收缩与徐变等因素导致梁长方向的位移变化对支座安装的影响

3. 下列预制梁盆式橡胶支座安装的说法中，正确的有（   ）。
   A．预制梁在生产过程中按照设计位置预先将支座上钢板预埋至梁体外
   B．在施工现场吊装前，将支座固定在预埋钢板上并用螺栓拧紧
   C．预制梁缓慢吊起，将支座下锚杆对准盖梁上预留孔，缓慢地落梁至临时支撑上
   D．安装支座的同时，在盖梁上安装支座灌浆模板，进行支座灌浆作业
   E．支座安装结束，检查是否有漏浆处，并拆除各支座上、下连接钢板及螺栓

【答案】

一、单项选择题
1．C；   2．A

二、多项选择题
1．A、C；   2．B、D、E；   3．B、C、D、E

2.4 城市桥梁上部结构施工

复习要点

装配式桥梁施工技术：装配式梁（板）施工技术准备，装配式梁（板）的预制、场内移运和存放，装配式梁（板）的安装；现浇预应力（钢筋）混凝土连续梁施工技术：支（模）架法，悬臂浇筑法；钢梁施工技术：钢梁制造技术要求，钢梁安装技术要求；钢—混凝土组合梁施工技术：钢—混凝土组合梁的构成与适用条件，钢—混凝土组合梁施工。

一、单项选择题

1. 装配式桥梁构件在脱底模、移运、堆放和吊装就位时，混凝土强度一般应大于设计强度的（　　）。
   A．75%　　　　　　　　　　B．70%
   C．65%　　　　　　　　　　D．60%

2. 吊装或移运装配式钢筋混凝土或预应力混凝土构件时，当吊绳与构件的交角大于（　　）时，可不设吊架或扁担。
   A．30°　　　　　　　　　　B．40°
   C．50°　　　　　　　　　　D．60°

3. 下列装配式梁（板）安装方法中，不属于简支梁（板）架设方法的是（　　）。
   A．起重机架梁法　　　　　　B．跨墩龙门吊架梁法
   C．架桥机悬拼法　　　　　　D．穿巷式架桥机架梁法

4. 后张预应力梁吊装时，设计无要求，其孔道水泥浆的强度一般不低于（　　）MPa。
   A．22.5　　　　　　　　　　B．25
   C．27.5　　　　　　　　　　D．30

5. 吊装梁长 25m 以上的预应力简支梁前，应验算裸梁的（　　）。
   A．抗弯性能　　　　　　　　B．稳定性能
   C．抗剪性能　　　　　　　　D．抗扭性能

6. 关于装配式预制混凝土梁存放的说法，正确的是（　　）。
   A．预制梁可直接支撑在混凝土存放台座上
   B．构件应按其安装的先后顺序编号存放
   C．多层叠放时，各层垫木的位置在竖直线上应错开
   D．预应力混凝土梁存放时间最长为 6 个月

7. 在移动模架上浇筑预应力连续梁时，浇筑分段工作缝必须设在（　　）附近。
   A．正弯矩区　　　　　　　　B．负弯矩区
   C．无规定　　　　　　　　　D．弯矩零点

8. 悬臂浇筑法施工时，预应力混凝土梁体一般分为（　　）大部分浇筑。
   A．两　　　　　　　　　　　B．三
   C．四　　　　　　　　　　　D．五

9. 现浇预应力钢筋混凝土连续箱梁，支架和模板安装后，宜采用预压方式消除（　　）。
   A．非弹性变形　　　　　　　B．弹性变形
   C．塑性变形　　　　　　　　D．模板变形

10. 预应力混凝土连续梁合龙顺序一般是（　　）。
    A．''先中跨，后次跨，再边跨''　　B．''先边跨，后次跨，再中跨''
    C．''先边跨，后中跨，再次跨''　　D．''先中跨，后边跨，再次跨''

11. 为确定悬臂浇筑段前段标高，施工过程中应加强监测，但监测项目不包

括（　　）。

  A．挂篮前端的垂直变形值　　　B．预拱度

  C．施工中已浇段的实际标高　　D．温度影响

12．关于悬臂浇筑混凝土连续梁合龙的说法，错误的是（　　）。

  A．合龙顺序一般是先边跨，后次跨，再中跨

  B．合龙段长度宜为2m

  C．合龙宜在一天中气温最高时进行

  D．合龙段混凝土强度宜提高一级

13．钢梁制造、焊接环境相对湿度不宜高于（　　）。

  A．80%　　　　　　　　　　　B．70%

  C．60%　　　　　　　　　　　D．40%

14．钢梁杆件工地焊缝连接，无设计顺序时，焊接顺序宜为（　　）对称进行。

  A．横向从两侧向中线　　　　　B．横向从跨中向两端

  C．纵向从两端向跨中　　　　　D．纵向从跨中向两端

15．钢梁采用高强度螺栓连接前，应复验摩擦面的（　　）系数。

  A．耐力安全　　　　　　　　　B．抗滑移

  C．刚度安全　　　　　　　　　D．稳定性

1．起重机架梁作业前应检查的事项包括（　　）。

  A．必须检查梁板外形及其预埋件尺寸和位置，其偏差不应超过设计或规范允许值

  B．支承结构（墩台、盖梁等）的强度应符合设计要求

  C．支承结构和预埋件的尺寸、标高及平面位置应符合设计要求且验收合格

  D．桥梁支座的安装质量应符合要求，其规格、位置及标高应准确无误

  E．千斤顶起落梁的技术要求

2．关于简支梁板吊运方案的要求，正确的有（　　）。

  A．编制专项施工方案，并按有关规定进行论证、批准

  B．应进行起重机等机具的安全性验算

  C．起吊过程中构件内产生的应力验算必须符合要求

  D．应对施工现场条件和拟定运输路线上的社会交通进行充分调研和评估

  E．按照起重吊装的有关规定，选择吊运工具、设备

3．关于简支梁板安装就位的技术要求，正确的有（　　）。

  A．吊点位置应按设计规定或根据计算决定

  B．移运、停放的支承位置应与吊点位置一致

  C．不得吊错板梁的上、下面，防止折断

  D．每片梁板就位后，应及时设置保险垛或支撑

  E．构件安装就位即可焊接连接钢筋或浇筑混凝土固定构件

4. 现浇预应力混凝土连续梁的常用施工方法有（　　）。
   A．支架法　　　　　　　　　B．顶推法
   C．移动模架法　　　　　　　D．悬臂拼装法
   E．悬臂浇筑法

5. 关于支架法现浇预应力混凝土连续梁的要求，正确的有（　　）。
   A．支架的地基承载力应符合要求
   B．安装支架时，应根据设计和规范要求设置预拱度
   C．支架底部应有良好的排水措施，不得被水浸泡
   D．浇筑混凝土时应采取防止支架均匀下沉的措施
   E．有简便可行的落架拆模措施

6. 关于移动模架法现浇预应力混凝土连续梁的要求，正确的有（　　）。
   A．模架长度必须满足施工要求
   B．模架应利用专用设备组装，在施工时能确保质量和安全
   C．内、外模板就位时，其平面尺寸、高程、预拱度的误差必须控制在容许范围内
   D．预应力筋管道、钢筋、预埋件设置应符合规范规定和设计要求
   E．浇筑分段工作缝，宜设在弯矩零点附近

7. 悬臂浇筑用挂篮结构中，安全系数不得小于2的有（　　）。
   A．吊带　　　　　　　　　　B．自锚固系统
   C．斜拉水平限位系统　　　　D．上水平限位
   E．挂篮整体抗倾覆

8. 关于连续梁（T构）的合龙、体系转换和支座反力调整的规定，符合规范的有（　　）。
   A．合龙段的长度宜为3m
   B．合龙宜在一天中气温最低时进行
   C．合龙段的混凝土强度宜提高一级
   D．应在合龙段预应力筋张拉、压浆完成并解除各墩临时固结后进行体系转换
   E．体系转换时，支座反力调整应以高程控制为主，反力作为校核

9. 关于支架法现浇预应力混凝土连续梁施工技术的说法，正确的有（　　）。
   A．支架地基承载力应符合要求，并且应有良好的排水措施，不得被水浸泡
   B．安装支架时，应根据梁体和支架的弹性、非弹性变形，设置预拱度
   C．支架和模板安装后进行预压的主要目的是测定其弹性变形量
   D．应有简便可行的落架拆模措施
   E．浇筑混凝土时应采取防止支架不均匀下沉的措施

10. 关于挂篮结构设计的说法，符合规定的有（　　）。
    A．挂篮前吊点不得使用精轧螺纹钢吊杆连接
    B．挂篮上下钢结构不得用未穿过混凝土结构的精轧螺纹钢吊杆直接连接
    C．禁止挂篮后锚处设置配重块平衡前方荷载
    D．挂篮质量与梁段混凝土质量比不得超过0.75

E．允许最大变形（包括吊带变形的总和）为 25mm

11．钢梁制造企业应向安装企业提供下列文件（　　）。
A．产品合格证　　　　　　B．拼装简图
C．材料尺寸记录　　　　　D．工厂试拼装记录
E．杆件发运和包装清单

12．钢梁工地安装，应根据（　　）等条件选择安装方法。
A．河流情况　　　　　　　B．交通情况
C．跨径大小　　　　　　　D．钢梁重量
E．起吊能力

13．关于落梁就位要点有（　　）。
A．钢梁就位前应清理支座垫石，其标高及平面位置应符合设计要求
B．固定支座与活动支座的精确位置应按设计图并考虑安装温度、施工误差等因素确定
C．落梁前后应检查其建筑拱度和平面尺寸、校正支座位置
D．落梁后应检查支架、临时墩安全性能
E．连续梁落梁步骤应符合设计要求

14．钢梁现场涂装应符合下列要求（　　）。
A．防腐涂料应有良好的附着性、耐蚀性，其底漆应具有良好的封孔性能
B．上翼缘板顶面和剪力连接器均不得涂装，在安装前应进行除锈、防腐蚀处理
C．首层底漆于除锈后 4h 内开始，8h 内完成
D．涂料、涂装层数和涂层厚度应符合施工要求
E．涂装时构件表面不应有结露，涂装后 4h 内应采取防护措施

【答案】

一、单项选择题
1．A；　2．D；　3．C；　4．D；　5．B；　6．B；　7．D；　8．C；
9．A；　10．B；　11．D；　12．C；　13．A；　14．D；　15．B

二、多项选择题
1．A、B、C、D；　2．A、B、C、E；　3．A、B、C、D；　4．A、C、E；
5．A、B、C、E；　6．A、B、C、D；　7．B、C、D、E；　8．B、C、E；
9．A、B、D、E；　10．A、B、C；　11．A、B、D、E；　12．A、B、C、E；
13．A、B、C、E；　14．A、B、C、E

2.5 桥梁桥面系及附属结构施工

复习要点

桥面系施工：排水设施，桥面防水系统施工技术，桥面铺装层，伸缩装置安装技

术，地袱、缘石、挂板，护栏设施，人行道；桥梁附属结构施工：隔声和防眩装置，桥头搭板，防冲刷结构（锥坡、护坡、护岸、海墁、导流坝）。

一 单项选择题

1. 桥梁泄水管下端伸出构筑物底面距离符合要求的是（   ）mm。
   A．80   B．150
   C．170   D．180

2. 水泥混凝土铺装层的面层厚度不应小于（   ）mm。
   A．50   B．70
   C．80   D．100

3. 聚合物改性沥青热熔型防水涂料施工环境气温不宜低于（   ）℃。
   A．-10   B．-5
   C．0   D．5

4. 在设置伸缩缝处，栏杆与桥面铺装（   ）。
   A．钢筋混凝土栏杆断开   B．钢结构栏杆不断开
   C．预制拼装栏杆不断开   D．都要断开

5. 现浇桥头搭板基底应平整、密实，在砂土上浇筑应铺（   ）mm厚水泥砂浆垫层。
   A．10~20   B．20~30
   C．30~50   D．50~80

6. 栽砌卵石护坡应选择长径扇形石料，长度宜为（   ）mm。
   A．100~150   B．150~250
   C．250~350   D．350~450

二 多项选择题

1. 桥面防水层施工前，对基层混凝土的技术要求有（   ）。
   A．强度   B．表面粗糙度
   C．基层平整度   D．混凝土含水率
   E．粘结强度

2. 下列基层处理剂施工技术要求的说法中，正确的有（   ）。
   A．防水基层处理剂应根据规范要求选用
   B．喷涂基层处理剂前，应采用毛刷对桥面排水口、转角等处先行涂刷
   C．基层处理剂可采用喷涂法或刷涂法施工，喷涂应均匀，覆盖完全
   D．基层处理剂涂刷完毕后，涂刷范围内，严禁各种车辆行驶和人员踩踏
   E．基层处理剂涂完后，应立即进行防水层施工

3. 严禁进行桥面防水层施工的情况有（   ）。
   A．下雨   B．下雪

C．阴、风力＜5级   D．风力≥5级

E．晴天

4．桥面水泥混凝土铺装具有（   ）等优点。

A．高强度   B．耐磨性强

C．抗渗性好   D．养护方便

E．抗滑性好

5．关于环氧沥青混合料施工要求的说法，正确的有（   ）。

A．摊铺过程中随时检查摊铺层厚度及路拱、横坡，应根据使用混合料总量与面积校验平均厚度

B．摊铺机应缓慢、匀速、连续不间断摊铺

C．摊铺速度不宜超过3m/min，同时应根据供料能力及混合料容留时间适当调整

D．热拌环氧沥青混合料从拌合出料到复压结束时间宜控制在2h以内，超过4h应废弃

E．温拌环氧沥青混合料养护期不宜低于25d，热拌环氧沥青混合料养护期不宜低于5d

6．下列浇筑式沥青混凝土铺装要求的说法中，错误的有（   ）。

A．摊铺前宜采用不大于摊铺厚度的钢板或木板设置侧向模板

B．运输车宜在摊铺机行走方向的后方将混合料卸在桥面板上

C．接缝可以采用预热处理或使用预制贴缝条

D．当摊铺中出现气泡或鼓包等缺陷时，应立即用钢针由气泡顶部插入放气

E．摊铺速度宜为1.5~3m/min，摊铺过程中不应停机待料

7．关于护栏设施施工的要求，正确的有（   ）。

A．预制混凝土栏杆采用榫槽连接时，安装就位后应用硬塞块固定，灌浆固结

B．采用金属栏杆时，焊接必须牢固，毛刺应打磨平整，并及时除锈防腐

C．在设置伸缩缝处，栏杆应全部断开

D．防撞墩必须与桥面混凝土预埋件、预埋筋连接牢固，并应在施作桥面防水层后完成

E．护栏、防护网宜在桥面、人行道铺装完成后安装

8．桥梁隔声障加工与安装应符合的要求有（   ）。

A．桥梁隔声障应与钢筋混凝土预埋件牢固连接

B．桥梁隔声障应连续安装，接缝处留有间隙，在桥梁伸缩缝部位应按设计要求处理

C．安装时应选择桥梁伸缩缝一侧的端部为控制点，依序安装

D．桥梁隔声障的加工模数宜由桥梁两伸缩缝之间长度而定

E．5级（含）以上大风时不得进行隔声障安装

9．以下桥头搭板施工要求正确的有（   ）。

A．桥头搭板应保证桥梁伸缩缝贯通、不堵塞，且与地梁、桥台锚固牢固

B．预制桥头搭板安装时应在与地梁、桥台接触面铺20~30mm厚水泥砂浆

C．搭板安装稳固不翘曲

D. 预制板纵向留灌浆槽，灌浆应饱满，砂浆达到设计强度后方可铺筑路面

E. 现浇桥头搭板基底应平整、密实，在砂土上浇筑应铺 20～30mm 厚水泥砂浆垫层

10. 防冲刷结构施工正确的有（   ）。

A. 防冲刷结构的基础埋置深度及地基承载力应符合设计要求

B. 砌筑时应纵横挂线，按线砌筑

C. 施工中应随填随砌，边口处应用小型的石块，砌成整齐坚固的封边

D. 栽砌卵石海墁，宜采用横砌方法，卵石应相互咬紧，略向下游倾斜

E. 应在护坦末端、坡脚及斜坡位置设置限冲刷及防排冲槽

【答案】

一、单项选择题

1. B；   2. C；   3. A；   4. D；   5. C；   6. C

二、多项选择题

1. A、B、C、D；   2. A、B、C、D；   3. A、B、D；   4. A、B、D；
5. A、B、C、E；   6. A、B、C；   7. A、B、C、E；   8. A、C、D、E；
9. A、B、C、D；   10. A、B、D、E

2.6 管涵和箱涵施工

复习要点

管涵施工技术：管涵施工技术要点，拱形涵、盖板涵施工技术要点；箱涵顶进施工技术：箱涵顶进准备工作，工艺流程与施工技术要点。

一 单项选择题

1. 拱形涵、盖板涵施工遇有地下水时，应先将地下水降至基底以下（   ）mm 方可施工。

A. 500   B. 400
C. 300   D. 200

2. 拱形涵、盖板涵两侧主结构防水层的保护层砌筑砂浆强度达到（   ）MPa 才能回填土。

A. 1.5   B. 2
C. 2.5   D. 3

3. 拱形涵拱圈和拱上端墙应（   ）施工。

A. 由中间向两侧同时、对称   B. 由两侧向中间同时、对称
C. 顺时针方向   D. 逆时针方向

4. 涵洞两侧的土方回填应对称进行，高差不宜超过（　　）mm。
   A．300　　　　　　　　　　　　B．350
   C．400　　　　　　　　　　　　D．450

5. 箱涵顶进作业应在地下水位降至基底以下（　　）m进行，并宜避开雨期施工。
   A．0.5　　　　　　　　　　　　B．0.4
   C．0.3　　　　　　　　　　　　D．0.2

6. 测量工作对箱涵顶进很重要，必须（　　），做好记录并报告现场指挥。
   A．每一顶程测量一次各观测点高程偏差值
   B．每一顶程测量一次各观测点左、右偏差值
   C．每一顶程测量一次各观测点高程偏差值和左、右偏差值
   D．每一顶程测量一次各观测点高程偏差值，左、右偏差值和顶程及总进尺

二　多项选择题

1. 管涵通常采用工厂预制钢筋混凝土管的成品管节，管节断面形式分为（　　）等。
   A．圆形　　　　　　　　　　　　B．椭圆形
   C．卵形　　　　　　　　　　　　D．矩形
   E．正六边形

2. 下列管涵施工技术要求，正确的有（　　）。
   A．设有基础的圆管涵，基础上面应设混凝土管座，其顶部弧形面应与管身紧密贴合
   B．不设基础的圆管涵，应按设计要求将管底土层压实，做成与管身密贴的弧形管座
   C．不设基础的管涵，管底土层承载力不符合设计要求时，应按规范要求加固
   D．沉降缝应设在非管节接缝处
   E．进出水口沟床应整理直顺，与上下游导流排水系统连接顺畅、稳固

3. 箱涵顶进前应检查验收（　　），必须达到设计要求。
   A．箱涵主体结构的混凝土强度
   B．后背施工
   C．顶进设备液压系统安装及预顶试验
   D．线路加固
   E．箱涵防水层及保护层

4. 顶进过程中要定期观测箱涵裂缝及开展情况，重点监测（　　）和顶板前、后悬臂板，发现问题应及时研究采取措施。
   A．底板　　　　　　　　　　　　B．顶板
   C．中边墙　　　　　　　　　　　D．线路加固系统
   E．中继间牛腿或剪力铰

5. 关于箱涵顶进挖土的说法，正确的有（　　）。
   A．一般应按设计坡度自下而上开挖

B．每次开挖进尺不得小于 0.8m
C．当土质较差时，可按千斤顶的有效行程掘进
D．开挖面的坡度不得大于 1∶0.75
E．不得逆坡、超前挖土，不得扰动基底土体

【答案】

一、单项选择题
1．A；　2．D；　3．B；　4．A；　5．A；　6．D
二、多项选择题
1．A、B、C、D；　2．A、B、C、E；　3．A、E；　4．A、B、C、E；
5．C、D、E

2.7 城市桥梁工程安全质量控制

复习要点

城市桥梁工程安全技术控制要点：桩基施工安全措施，模板、支架和拱架施工安全措施，预应力施工安全措施，箱涵顶进施工安全措施；城市桥梁工程质量控制要点：城市桥梁工程质量控制指标，钻孔灌注桩施工质量控制，大体积混凝土浇筑施工质量控制，预应力张拉施工质量控制，现浇混凝土连续梁施工质量控制，钢梁制作安装质量控制，钢—混凝土组合梁施工质量控制，支座施工质量控制；城市桥梁工程季节性施工措施：冬期施工措施，雨期施工措施，高温施工措施。

一 单项选择题

1．加工成型的钢筋笼、钢筋网和钢筋骨架等应水平放置，（　　）。
A．码放高度不得超过 2m，码放层数不宜超过 2 层
B．码放高度不得超过 2m，码放层数不宜超过 3 层
C．码放高度不得超过 3m，码放层数不宜超过 2 层
D．码放高度不得超过 3m，码放层数不宜超过 3 层

2．预制混凝土桩起吊时的强度应符合设计要求，设计无要求时，应达到设计强度的（　　）以上。
A．90%　　　　　　　　　　B．85%
C．80%　　　　　　　　　　D．75%

3．沉桩作业应由具有经验的（　　）指挥。
A．专职安全员　　　　　　　B．技术人员
C．技术工人　　　　　　　　D．技术负责人

4. 附近有10kV电力架空线时,必须保证钻机与电力线的安全距离大于( )m。
   A．4   B．4.5
   C．5   D．6

5. 相邻桩之间净距小于5m时,应待邻桩混凝土强度达到( )MPa后,方可进行钻孔施工。
   A．3   B．5
   C．8   D．10

6. 钻孔桩成孔后或因故停钻,应将钻具置于地面上,保持孔内护壁泥浆的( ),以防塌孔。
   A．黏度   B．高度
   C．密度   D．相对密度

7. 钻孔灌注桩施工用水上作业平台的台面高程,应比施工期间最高水位高( )mm以上。
   A．700   B．650
   C．600   D．550

8. 顶进小型箱涵穿越铁路路基时,可用调轨梁或( )加固线路。
   A．施工便梁   B．轨束梁
   C．横梁   D．纵横梁

9. 箱涵顶进穿越铁路路基时,应( )开挖和顶进。
   A．在列车运行间隙   B．连续
   C．快速   D．慢速

10. 为了防止钢筋笼上升,当灌注的混凝土面距钢筋骨架底部1m左右时,应( )。
    A．降低混凝土灌注速度   B．改善混凝土流动性能
    C．加快混凝土灌注速度   D．在首批混凝土中掺入缓凝剂

11. 下列选项中,非造成钻孔灌注桩质量事故原因的是( )。
    A．地质勘探资料存在问题   B．混凝土温度变形
    C．钻孔深度误差   D．钻孔孔径误差

12. 钻孔灌注桩灌注水下混凝土时,导管底端至孔底的距离应为( )m。
    A．0.6~0.7   B．0.5~0.6
    C．0.3~0.5   D．0.2~0.3

13. 钻孔灌注桩灌注水下混凝土时,导管首次埋入混凝土的深度不应小于( )m。
    A．0.7   B．0.8
    C．0.9   D．1.0

14. 钻孔灌注桩单桩混凝土灌注时间宜控制在( )内。
    A．1.2倍混凝土初凝时间   B．1.5倍混凝土初凝时间
    C．1.2倍混凝土终凝时间   D．1.5倍混凝土终凝时间

15. 大体积混凝土养护,不仅要满足其强度增长需要,还应通过( )控制,防止其开裂。
    A．温度   B．应变

C．湿度 D．应力

16．大体积混凝土构筑物拆模时，混凝土表面与中心、与室外的温差不超过（   ）℃。
   A．10 B．20
   C．25 D．30

17．预应力筋张拉前应根据设计要求对孔道的（   ）进行实测。
   A．摩阻损失 B．直径
   C．摩阻力 D．长度

18．张拉控制应力达到（   ）后方可锚固。
   A．规范要求 B．稳定
   C．设计要求 D．张拉方案要求

19．后张法预应力筋张拉后，孔道（   ）压浆。
   A．宜尽早 B．不急于
   C．应及时 D．暂缓

20．后张法预应力孔道压浆时，水泥浆的强度应符合设计规定，且不得低于（   ）MPa。
   A．25 B．30
   C．35 D．20

21．压浆过程中及压浆后48h内，结构混凝土的温度不得低于（   ）℃。
   A．3 B．4
   C．5 D．6

22．冬期施工时钢筋调直冷拉温度不宜低于（   ）℃。
   A．0 B．-10
   C．-15 D．-20

23．预应力钢筋张拉温度不宜低于（   ）℃。
   A．-20 B．-15
   C．-10 D．0

24．冬期施工当混凝土掺用（   ）时，其试配强度应较设计强度提高一个等级。
   A．防冻剂 B．引气剂
   C．速凝剂 D．缓凝剂

25．新浇筑的混凝土在（   ），不得被雨淋。
   A．初凝前 B．初凝后
   C．终凝前 D．终凝后

26．混凝土的入模温度应控制在（   ）℃以下，宜选在一天温度较低的时间内进行。
   A．20 B．25
   C．30 D．35

二 多项选择题

1. 沉入桩施工安全控制主要包括（　　）。
   A．施工场地　　　　　　B．桩的制作
   C．桩的沉入　　　　　　D．桩的吊运
   E．桩的堆放

2. 下列选项中，涉及钻孔灌注桩施工安全控制的有（　　）。
   A．施工场地　　　　　　B．护壁泥浆
   C．桩的制作　　　　　　D．护筒埋设
   E．混凝土浇筑

3. 沉入桩沉桩方法和机具，应根据（　　）等选择。
   A．工程地质　　　　　　B．桩深
   C．桩的截面尺寸　　　　D．现场环境
   E．桩的设计承载力

4. 从事模板支架、脚手架搭设和拆除的施工队伍应符合（　　）等项要求。
   A．具有相关资质
   B．作业人员年龄在45岁以下，初中以上学历
   C．作业人员经过专业培训且考试合格，持证上岗
   D．作业人员定期体检，不适合高处作业者，不得进行搭设与拆除作业
   E．作业时必须戴安全帽、系安全带、穿防滑鞋

5. 支架模板、脚手架支搭完成后，必须经（　　）后，方可交付使用。
   A．安全检查　　　　　　B．验收合格
   C．质量检查　　　　　　D．形成文件
   E．保持完好状态

6. 拆除模板支架、脚手架时，施工现场应采取（　　）等措施，确保拆除施工安全。
   A．拆除现场应设作业区，边界设警示标志，由专人值守
   B．拆除采用机械作业时应由专人指挥
   C．拆除顺序按要求由上而下逐层进行
   D．拆除顺序按要求上下同时作业
   E．拆除的模板、杆件、配件应分类码放

7. 顶进大型箱涵穿越铁路路基时，可用（　　）加固线路。
   A．轨束梁　　　　　　　B．施工便梁
   C．横梁　　　　　　　　D．纵横梁
   E．工字轨束梁

8. 箱涵顶进在穿越铁路路基时，在（　　）情况下，可采用低高度施工便梁方法。
   A．土质条件差　　　　　B．工期紧
   C．开挖面土壤含水率高　D．地基承载力低

E．铁路列车不允许限速

9．关于箱涵顶进施工作业安全措施的说法，正确的有（　　）。
   A．施工现场（工作坑、顶进作业区）及路基附近不得积水浸泡
   B．按规定设立施工现场围挡，有明显的警示标志，隔离施工现场和社会活动区，实行封闭管理，严禁非施工人员入内
   C．尽量在列车运行间隙或避开交通高峰期开挖和顶进；列车通过时，顶进应连续平稳
   D．箱涵顶进过程中，任何人不得在顶铁、顶柱布置区内停留
   E．箱涵顶进过程中，当液压系统发生故障时，严禁在工作状态下检查和调整

10．常见的钻孔（包括清孔时）事故有（　　）、扩孔和缩孔、钻杆折断、钻孔漏浆等。
   A．塌孔   B．钻孔偏斜
   C．沉渣过厚   D．埋钻
   E．吊钻落物

11．预防扩孔和塌孔的常用措施有（　　）。
   A．控制进尺速度   B．控制护壁泥浆性能
   C．钻机底座安置水平   D．保证孔内必要水头
   E．避免触及和冲刷孔壁等

12．钻孔灌注桩灌注水下混凝土时常见的质量事故有埋管、塌孔、灌短桩头（　　）。
   A．导管进水   B．堵管
   C．钢筋笼上升   D．扩径
   E．桩身夹泥、断桩

13．钻孔灌注桩施工时，造成钻孔垂直度不符合规范要求的主要原因有（　　）。
   A．钻机安装不平整或钻进过程中发生不均匀沉降
   B．未在钻杆上加设扶正器
   C．钻杆弯曲、钻杆接头间隙太大
   D．钻头翼板磨损不一，钻头受力不均
   E．钻进中遇软硬土层交界面或倾斜岩面时，钻压过高使钻头受力不均

14．钻孔灌注桩施工时，造成钻孔塌孔或缩径的主要原因有（　　）等。
   A．钻进速度过慢   B．护壁泥浆性能差
   C．钻孔偏斜   D．地层复杂
   E．成孔后没及时灌注混凝土

15．钻孔灌注桩施工时，由于孔内泥浆悬浮的砂粒太多导致的问题可能有（　　）。
   A．桩身混凝土夹渣   B．断桩
   C．灌注混凝土过程钢筋骨架上浮   D．灌注混凝土时堵管
   E．混凝土强度低或离析

16．大体积混凝土浇筑时控制混凝土水化热的常用方法有（　　）。
   A．优先采用水化热较低的水泥

B．充分利用混凝土的中后期强度，尽可能降低水泥用量

C．控制浇筑层厚度和进度，以利散热

D．控制浇筑温度，设测温装置，加强观测，做好记录

E．适量增加砂、砾石

17．大体积混凝土构筑物产生裂缝的原因有（　　）。
   A．构筑物体积过大　　　　　B．内外约束条件
   C．混凝土收缩变形　　　　　D．外界气温变化
   E．水泥水化热影响

18．大体积混凝土浇筑阶段质量控制措施主要有（　　）。
   A．优化混凝土配合比　　　　B．合理分层浇筑
   C．控制混凝土温度　　　　　D．混凝土养护得当
   E．控制混凝土坍落度在（120±20）mm

19．大体积混凝土构筑物的裂缝，危害结构整体性、稳定性和耐久性的有（　　）。
   A．贯穿裂缝　　　　　　　　B．膨胀裂缝
   C．深层裂缝　　　　　　　　D．收缩裂缝
   E．表面裂缝

20．预应力张拉千斤顶使用期间是否需要校验应视情况确定，当千斤顶出现（　　）情况之一，即应重新校验。
   A．使用超过6个月　　　　　B．使用超过200次
   C．使用过程中出现不正常现象　D．使用前
   E．检修后

21．关于预应力施工的说法，正确的有（　　）。
   A．承担预应力施工的单位应具有相应的施工资质
   B．张拉设备的校准期限不得超过1年，且不得超过300次张拉作业
   C．预应力用锚具、夹具和连接器张拉前应进行检验
   D．锚固完毕经检验合格后，方可使用电弧焊切割端头多余的预应力筋
   E．封锚混凝土强度不宜低于结构混凝土强度等级的80%，且不得低于30MPa

22．冬期施工应采用（　　）配制混凝土。
   A．硅酸盐水泥　　　　　　　B．普通硅酸盐水泥
   C．复合硅酸盐水泥　　　　　D．矿渣硅酸盐水泥
   E．火山灰硅酸盐水泥

23．冬期混凝土可采用（　　）、负温养护法等方式养护。
   A．沸煮法　　　　　　　　　B．蓄热法
   C．电加热法　　　　　　　　D．暖棚法
   E．蒸汽法

【答案】

一、单项选择题

1. B； 2. D； 3. C； 4. D； 5. B； 6. B； 7. A； 8. B；
9. A； 10. A； 11. B； 12. C； 13. D； 14. B； 15. A； 16. B；
17. A； 18. B； 19. C； 20. B； 21. C； 22. D； 23. B； 24. A；
25. C； 26. C

二、多项选择题

1. B、C、D、E； 2. A、B、D、E； 3. A、B、D、E； 4. A、C、D、E；
5. A、B、C、D； 6. A、B、C、E； 7. C、D、E； 8. A、C、D、E；
9. A、B、D、E； 10. A、B、D、E； 11. A、B、D、E； 12. A、B、C、E；
13. A、C、D、E； 14. B、D、E； 15. A、B、C、D； 16. A、B、C、D；
17. B、C、D、E； 18. A、B、C、E； 19. A、C； 20. A、B、C、E；
21. A、C、E； 22. A、B； 23. B、C、D、E

第 3 章 城市隧道工程

3.1 施工方法与结构形式

复习要点

城市隧道工程施工方法；城市隧道工程结构形式：城市隧道结构形式，明挖法隧道结构，浅埋暗挖法隧道结构，钻爆法隧道结构，盾构法隧道结构，TBM法隧道结构。

一 单项选择题

1. 下列城市隧道施工顺序中属于明挖法的是（　　）。
   A．先从地表面向下开挖基坑至设计标高，再由下而上建造主体结构
   B．先建临时结构顶板，再向下开挖基坑至设计标高，由下而上建造主体结构
   C．先建临时结构顶板，根据主体结构层数，自上而下分层挖土与建造主体结构
   D．分块建筑临时结构顶板，再向下开挖基坑至设计标高，由下而上建造主体结构

2. 城市隧道是修建在城市地下用于通行车辆、行人、管道、线缆、空气、水等的通道，或者用于储存和商业目的的空间。城市隧道多为（　　）隧道。
   A．深埋　　　　　　　　　B．浅埋
   C．直埋　　　　　　　　　D．掩埋

3. 明挖法修建的城市隧道结构通常采用（　　）断面，一般为现浇式或装配式结构。
   A．马蹄形　　　　　　　　B．椭圆形
   C．三角形　　　　　　　　D．矩形

二 多项选择题

1. 浅埋暗挖法施工的十八字方针是"管超前、严注浆、（　　）"。
   A．短开挖　　　　　　　　B．少扰动
   C．强支护　　　　　　　　D．快封闭
   E．勤量测

2. 采用浅埋暗挖法修建的城市隧道，一般包括（　　）三部分。
   A．超前支护　　　　　　　B．初期支护
   C．防水层　　　　　　　　D．二次衬砌
   E．管棚

3. 浅埋暗挖法修建的城市隧道，一般采用拱形或马蹄形结构，其基本断面形式可采用（　　）。

A．单拱 B．双拱
C．多跨连拱 D．圆形
E．梯形

【答案】

一、单项选择题
1．A；　2．B；　3．D
二、多项选择题
1．A、C、D、E；　2．B、C、D；　3．A、B、C

3.2 地下水控制

复习要点

地下水控制方法：基本要求，集水明排，降水，隔水帷幕，回灌；地下水控制施工技术：集水明排，降水井，隔水帷幕，回灌，监测。

一 单项选择题

1．当基坑土质良好，排水量不大时，最简单、经济的降水方法是（　　）。
A．集水明排 B．真空井点
C．喷射井点 D．浅埋井

2．下列降水井降水深度不限的是（　　）。
A．电渗井 B．管井
C．辐射井 D．潜埋井

3．关于基坑（槽）内明沟排水的说法，正确的是（　　）。
A．排水主要为了提高土体强度
B．明沟的底面应比挖土面低 0.3～0.4m
C．集水明排水可直接排入市政管网
D．沿排水沟每隔 20m 应设一座集水井

4．明沟宜布置在拟建工程基础边（　　）m 以外，沟边缘离开边坡坡脚应不小于（　　）m。
A．0.4；0.3 B．0.2；0.3
C．0.4；0.2 D．0.3；0.3

5．线状、条状降水工程降水井宜采用单排或双排布置，两端应外延条状或线状降水井点围合区域宽度的（　　）倍布置降水井。
A．1～2 B．1～1.5
C．2～3 D．1～2.5

6. 当真空井点孔口至设计降水水位的深度不超过（　　）m时宜采用单级真空井点。

A．3　　　　　　　　　　B．4

C．5　　　　　　　　　　D．6

7. 采用水泥土搅拌桩帷幕时，搅拌桩桩径宜取（　　）mm，搅拌桩的搭接宽度应进行分析并符合相关要求。

A．300～450　　　　　　B．350～450

C．400～800　　　　　　D．450～800

8. 采用咬合式排桩帷幕时，咬合排桩基桩垂直度偏差不应大于（　　），桩位允许偏差应为（　　）mm，成孔过程中如发现垂直度偏差过大，必须及时进行纠偏调整。

A．1%；20　　　　　　　B．2%；30

C．3%；50　　　　　　　D．4%；40

二、多项选择题

1. 下列选用降水方法的规定中，正确的有（　　）。

A．基坑范围内地下水位应降至基坑垫层以下不小于0.4m

B．降水过程中应采取防止土颗粒流失的措施

C．应减小对地下水资源的影响

D．对工程环境的影响应在可控范围之内

E．应能充分利用抽排的地下水资源

2. 宜采用一级双排真空井点，布置在基坑两侧降水的前提条件有（　　）。

A．真空井点孔口至设计降水水位的深度不超过6.0m

B．基坑土质为粉质黏土、粉土、砂土

C．土层渗透系数0.01～20.0m/d

D．土层渗透系数0.1～20.0m/d

E．基坑宽度大于单井降水影响半径

3. 下列隔水帷幕方法中，按施工方法分类的有（　　）。

A．水平向隔水帷幕　　　　B．压力注浆隔水帷幕

C．水泥土搅拌桩隔水帷幕　D．嵌入式隔水帷幕

E．沉箱

4. 下列降水系统平面布置的规定中，正确的有（　　）。

A．面状降水工程降水井点宜沿降水区域周边呈封闭状均匀布置

B．线、条状降水工程，两端应外延0.5倍围合区域宽度布置降水井

C．采用隔水帷幕的工程，应在围合区域内增设降水井或疏干井

D．在运土通道出口两侧应增设降水井

E．在邻近地下水补给方向，地下水流速较大时，降水井点间距可适当减少

5. 下列真空井点施工安装有关要求正确的有（　　）。

A．井点管成孔后，应加大泵量、冲洗钻孔、稀释泥浆返清水3～5min后，方

可向孔内安放井点管

B. 井点管安装到位后，应向孔内投放滤料，滤料粒径宜为 0.4～0.6mm

C. 井点管安装到位后，孔内投入的滤料数量，宜大于计算值 5%～15%，滤料填至地面以下 2～3m 后应用黏土填满压实

D. 井点管、集水总管应与水泵连接安装，抽水系统不应漏水、漏气

E. 形成完整的真空井点抽水系统后，应进行试运行

6. 下列管井施工要求中，正确的有（　　）。

A. 管井施工可根据地层条件选用冲击钻、螺旋钻、回转钻或反循环等方法钻进成孔，施工过程中应做好成孔施工记录

B. 吊放井管时应平稳、垂直，并保持井管在井孔中心，严禁猛蹲，井管宜高出地表 200mm 以上

C. 单井完成后应及时洗井，洗井后应安装水泵进行单井试抽

D. 抽水时只需做好工作压力、水位的记录

E. 单井、排水管网安装完成后应及时联网试运行，试运行合格后方可投入正式降水运行

7. 下列压力注浆法帷幕施工要求中，正确的有（　　）。

A. 注浆孔应按序列编号，注浆宜逐孔连续进行，当地下水流速较大时，应从水头高的一端开始注浆

B. 注浆用水 pH 值不得小于 4，浆液宜采用普通硅酸盐水泥，可掺入速凝剂、防析水剂、水玻璃等进行多液注浆

C. 采用定量、定压结合注浆，对先序注浆孔采取定量注浆，对后续注浆孔采取定压注浆

D. 双液注浆时应使用单向阀的浆液混合器，也可采用三通阀门，注浆结束时应先停水玻璃浆液泵，后停水泥浆液泵

E. 注浆工作应连续进行，每班组结束注浆后应及时清洗注浆设备

8. 下列搅拌桩的搭接宽度要求正确的有（　　）。

A. 采用单排搅拌桩帷幕，当搅拌深度不大于 10m 时，搭接宽度不应小于 100mm

B. 采用单排搅拌桩帷幕，当搅拌深度为 10～15m 时，搭接宽度不应小于 200mm

C. 对地下水位较高、渗透性较强的地层，宜采用双排搅拌桩截水帷幕

D. 采用双排搅拌桩，当搅拌深度不大于 10m 时，搭接宽度不应小于 100mm

E. 搅拌桩水泥浆液的水灰比宜取 0.3～0.6，搅拌桩的水泥掺量宜取土的天然重力密度的 15%～20%

9. 地下水监测的主要内容包括（　　）等。

A. 地下水位监测　　　　　B. 出水量及含砂量监测
C. 水质监测　　　　　　　D. 变形监测
E. pH 值监测

【答案】

一、单项选择题

1. A； 2. B； 3. B； 4. A； 5. A； 6. D； 7. D； 8. C

二、多项选择题

1. B、C、D、E； 2. A、B、C、E； 3. B、C、E； 4. A、C、D、E；
5. A、B、D、E； 6. A、B、C、E； 7. B、C、E； 8. B、C、D；
9. A、B、C、D

3.3 明挖法施工

复习要点

基坑支护施工：边坡支护，基坑围护结构体系，基坑土方开挖及基坑变形控制，地基加固处理方法；结构施工技术：钢筋混凝土结构施工，防水工程施工技术。

一 单项选择题

1. 关于注浆的适用范围，说法错误的是（　　）。
   A. 渗透注浆只适用于中砂以上的砂性土和有裂隙的岩石
   B. 劈裂注浆适用于渗透系数 $k < 10^{-4}$cm/s、靠静压力难以注入的土层
   C. 压密注浆常用于砂地层，黏土地层中若有适宜的排水条件也可采用
   D. 压密注浆如遇地层排水困难时，就必须降低注浆速率

2. 关于高压喷射注浆加固地基施工的基本工序，说法正确的是（　　）。
   A. 钻机就位→钻孔→喷射注浆
   B. 钻机就位→打入注浆管→喷射注浆→拔出注浆管
   C. 钻机就位→打入注浆管→拔出注浆管同时喷射注浆
   D. 钻机就位→钻孔→置入注浆管→喷射注浆→拔出注浆管

3. 单管法高压喷射注浆中喷射的介质是（　　）。
   A. 高压水流和水泥浆液　　　　B. 高压水泥浆液和压缩空气
   C. 高压水泥浆液　　　　　　　D. 高压水流、压缩空气及水泥浆液

4. 水泥土搅拌法地基加固适用于（　　）。
   A. 障碍物较多的杂填土　　　　B. 欠固结的淤泥质土
   C. 饱和黏性土和粉土　　　　　D. 密实的砂类土

5. 下列基坑围护结构中，要用冲击式打桩机施工的是（　　）。
   A. 钢板桩　　　　　　　　　　B. SMW 工法桩
   C. 灌注桩　　　　　　　　　　D. 地下连续墙

6. 土钉墙适应基坑类型为（　　）。
   A. 地下水位以上的淤泥质基坑　B. 地下水位以下的黏土基坑

C．降水后的碎石土基坑　　　　D．未降水的砂石基坑

7. 下列基坑内支撑构件中，属于钢结构支撑体系特有的构件是（　　）。
    A．围檩　　　　　　　　　　B．支撑
    C．角撑　　　　　　　　　　D．预应力设备

8. 基坑内支撑围护结构的挡土应力传递路径是（　　）。
    A．围檩→支撑→围护墙　　　B．围护墙→支撑→围檩
    C．围护墙→围檩→支撑　　　D．支撑→围护墙→围檩

9. 基坑围护墙体竖向变位不会影响到（　　）。
    A．基坑稳定　　　　　　　　B．地表沉降
    C．墙体稳定　　　　　　　　D．坑底沉降

10. 不属于稳定深基坑坑底的方法是（　　）。
    A．增加围护结构入土深度　　B．增加围护结构和支撑的刚度
    C．坑底土体加固　　　　　　D．坑内井点降水

11. 设有支护的基坑土方开挖过程中，能够反映坑底土体隆起的监测项目是（　　）。
    A．立柱变形　　　　　　　　B．冠梁变形
    C．地表沉降　　　　　　　　D．支撑梁变形

12. 基坑开挖方案应根据（　　）确定。
    A．支护结构设计、降（排）水要求
    B．基坑平面尺寸、深度
    C．基坑深度、周边环境要求
    D．基坑深度、降（排）水要求

13. 放坡基坑施工中，直接影响基坑稳定的重要因素是边坡（　　）。
    A．土体剪应力　　　　　　　B．土体抗剪强度
    C．土体拉应力　　　　　　　D．坡度

14. 明挖基坑采用分级放坡施工，下级坡度宜（　　）上级坡度。
    A．缓于　　　　　　　　　　B．等于
    C．陡于　　　　　　　　　　D．大于等于

15. 放坡基坑施工中，开挖后暴露时间较长的基坑，应采取（　　）措施。
    A．卸荷　　　　　　　　　　B．削坡
    C．护坡　　　　　　　　　　D．压载

16. 施工缝处浇筑混凝土，下列说法正确的是（　　）。
    A．结合面应为光滑面，并应清除浮浆、松动石子、软弱混凝土层
    B．结合面处应洒水湿润，但不得有积水
    C．施工缝处已浇筑混凝土的强度不应小于10MPa
    D．墙水平施工缝水泥砂浆接浆层厚度不应大于15mm，接浆层水泥砂浆应与混凝土浆液成分相同

17. 中埋式止水施工，下列说法正确的是（　　）。
    A．止水带的接缝宜为一处，应设在边墙较低位置上，不得设在结构转角处，

接头宜采用热压焊接

B．中埋式止水带在转弯处应做成圆弧形，（钢边）橡胶止水带的转角半径不应小于100mm，转角半径应随止水带的宽度增大而相应加大

C．止水带埋设位置应准确，其中间空心圆环可与变形缝的中心线不重合

D．中埋式止水带先施工一侧混凝土时，其端模应支撑牢固，并应严防漏浆

二　多项选择题

1. 深基坑施工中，以提高土体强度和侧向抗力为主要目的的地基加固方法有（　　）。
   A．水泥土搅拌　　　　　　　B．换填
   C．高压喷射注浆　　　　　　D．注浆
   E．注冷冻剂

2. 关于深层搅拌法加固地基的说法，正确的有（　　）。
   A．用特制搅拌机械就地将水泥（或石灰）和软土强制搅拌
   B．深层搅拌法可分为浆液搅拌和粉体喷射搅拌两种
   C．粉体喷射深层搅拌机械在国内常用的有单轴、双轴、三轴及多轴搅拌机
   D．深层搅拌法使软土硬结成具有整体性、水稳性和一定强度的水泥加固土
   E．适用于加固饱和黏性土和粉土等地基

3. 高压喷射注浆法形成的固结体基本形状有（　　）。
   A．圆柱状　　　　　　　　　B．壁状
   C．方柱状　　　　　　　　　D．扇状
   E．棱柱状

4. 用高压喷射注浆法加固地基时，需根据现场试验结果确定其适用程度的土层有（　　）。
   A．湿陷性黄土　　　　　　　B．素填土
   C．有机质土　　　　　　　　D．碎石土
   E．硬黏土

5. 基坑内地基加固的主要目的有（　　）。
   A．减小围护结构位移　　　　B．提高坑内土体强度
   C．提高土体的侧向抗力　　　D．防止坑底土体隆起
   E．减小围护结构的主动土压力

6. 高压喷射注浆施工工艺有（　　）。
   A．单管法　　　　　　　　　B．双管法
   C．三管法　　　　　　　　　D．四管法
   E．五管法

7. 基坑内被动区加固平面布置常用的形式有（　　）。
   A．墩式加固　　　　　　　　B．岛式加固
   C．裙边加固　　　　　　　　D．抽条加固
   E．满堂加固

8. 下列属于钢板桩围护结构特点的有（　　）。
   A．成品制作，可反复使用
   B．施工简便，施工噪声较小
   C．刚度小，变形大，与多道支撑结合，在软弱土层中也可采用
   D．刚度大，变形小，与多道支撑结合，在软弱土层中也可采用
   E．新的时候止水性尚好，如有漏水现象，需增加防水措施

9. 选择基坑围护结构形式，应根据（　　）等，经技术经济综合比较后确定。
   A．基坑深度　　　　　　　　B．工程地质和水文地质条件
   C．地面环境条件　　　　　　D．城市施工特点
   E．气象条件

10. 下列基坑围护结构中，刚度大的有（　　）。
    A．钢板桩　　　　　　　　　B．钢管桩
    C．灌注桩　　　　　　　　　D．地下连续墙
    E．SMW工法桩

11. 下列基坑围护结构中，止水性好的有（　　）。
    A．拉森钢板桩　　　　　　　B．SMW工法桩
    C．灌注桩　　　　　　　　　D．地下连续墙
    E．水泥土搅拌桩挡墙

12. 下列基坑围护结构中，可回收部分或全部材料的有（　　）。
    A．钢板桩　　　　　　　　　B．钢管桩
    C．灌注桩　　　　　　　　　D．地下连续墙
    E．SMW工法桩

13. 关于基坑内支撑结构选型原则的说法，正确的有（　　）。
    A．宜采用受力明确、连接可靠、施工方便的结构形式
    B．采用非对称性强的结构形式
    C．应与地下主体结构形式、施工顺序协调
    D．应利于基坑土方开挖和运输
    E．需要时，应考虑内支撑结构作为施工平台

14. 关于控制基坑变形的说法，正确的有（　　）。
    A．增大围护结构和支撑的刚度
    B．增大围护结构的入土深度
    C．加固基坑内被动土压区土体可采用抽条加固
    D．增大每次开挖围护结构处的土体尺寸
    E．缩短开挖及未及时支撑的暴露时间

15. 工程中立即停止挖土的异常情况有（　　）等。
    A．边坡出现失稳征兆
    B．开挖暴露出的基底受到扰动
    C．围护结构或止水帷幕出现渗漏
    D．支撑轴力突然增大

E．围护结构变形明显加剧

16．放坡基坑施工不当也会造成边坡失稳，主要表现有（　　）。
    A．坡顶堆放材料、土方、机械及运输车辆
    B．降（排）水措施不力
    C．开挖后边坡暴露时间不够
    D．开挖过程中未及时刷坡
    E．没有按设计坡度进行边坡开挖

17．放坡基坑施工中，当边坡有失稳迹象时，应及时采取（　　）或其他有效措施。
    A．削坡　　　　　　　　　B．坡顶卸荷
    C．坡脚压载　　　　　　　D．水泥砂浆抹面
    E．严密监测坡顶位移

18．放坡基坑施工中，常用的护坡措施有（　　）。
    A．挂网喷浆或混凝土　　　B．坡脚垒砖
    C．锚杆喷射混凝土　　　　D．水泥砂浆抹面
    E．草袋覆盖

19．大面积基坑开挖要遵循"盆式开挖"的原则，下列施工先后顺序，正确的有（　　）。
    A．由浅入深，分层开挖，分层支撑
    B．先开挖中间部分土方，周边预留土台
    C．从中间向两边对称开槽，逐步形成支撑
    D．角部土方最后挖除，形成角撑
    E．沿一边逐条开槽，形成支撑

20．下列土钉墙支护的说法中，正确的有（　　）。
    A．土钉墙的坡比不宜小于1∶0.2
    B．土钉墙的注浆材料可采用水泥砂浆
    C．基坑较深、土的抗剪强度较低时，土钉间距取小值
    D．土钉墙后有滞水时，在含水层部位的墙面设置泄水孔
    E．土钉、喷射混凝土面层养护24h方可下挖基坑

21．关于水泥砂浆防水层施工，下列说法正确的有（　　）。
    A．防水砂浆应包括聚合物水泥防水砂浆、掺外加剂或掺合料的防水砂浆，宜采用多层抹压法施工
    B．基层面除符合卷材防水层的规定外，还应坚实、无起砂现象；施工前应用水充分湿润，但不应有明水
    C．分层施工时，每层宜连续施工；留槎时应采用阶梯坡形，层与层间搭接应紧密；接槎处与特殊部位加强层距离不应大于300mm
    D．特殊部位应先嵌填密实，后大面铺抹，铺抹应压实、抹平，最外层表面应提浆压光
    E．防水层终凝后应立即进行保湿养护，养护温度不宜低于5℃，养护时间不宜少于14d

22. 关于卷材防水层施工，下列说法正确的有（   ）。
    A. 顶板部位卷材采用空铺法施工
    B. 冷粘法、自粘法施工的环境气温不宜低于5℃，热熔法、焊接法施工的环境气温不宜低于–10℃
    C. 铺贴双层卷材时，上下两层和相邻两幅卷材的接缝应错开1/4～1/3幅宽，且两层卷材不得相互垂直铺贴
    D. 卷材搭接处和接头部位应粘贴牢固，接缝口应封严或采用材性相容的密封材料封缝
    E. 防水卷材施工前，基面应干净、干燥，并应涂刷基层处理剂；当基面潮湿时，应涂刷湿固化型胶粘剂或潮湿界面脱模剂

23. 关于明挖隧道侧墙模板体系的说法，正确的有（   ）。
    A. 隧道围护结构与主体结构为分离式结构时，侧墙应采用单侧支撑体系
    B. 隧道围护结构与主体结构为复合墙结构时，侧墙应采用对拉螺栓模板体系
    C. 模板吊装就位后，下端应垫平并紧靠定位基准
    D. 单侧支撑体系模板利用斜撑调整和固定垂直度
    E. 合模前应对模板及预埋件进行加固，并对尺寸位置进行验收

【答案】

一、单项选择题

1. B； 2. D； 3. C； 4. C； 5. A； 6. C； 7. D； 8. C；
9. D； 10. B； 11. A； 12. A； 13. D； 14. A； 15. C； 16. B；
17. D

二、多项选择题

1. A、C、D；   2. A、B、D、E； 3. A、B、D；   4. A、C、E；
5. A、B、C、D； 6. A、B、C；   7. A、C、D、E； 8. A、C、E；
9. A、B、C；   10. C、D；   11. A、B、D、E； 12. A、B、E；
13. A、C、D； 14. A、B、C、E； 15. A、C、D、E； 16. A、B、D、E；
17. A、B、C； 18. A、C、D；   19. A、B、C、E； 20. B、C、D；
21. A、B、D、E； 22. B、D、E；   23. C、D、E

3.4 浅埋暗挖法施工

复习要点

浅埋暗挖法施工方法：全断面开挖法，台阶开挖法；浅埋暗挖法施工技术：工作井施工技术，马头门施工技术，超前预支护及预加固施工技术，初期支护施工，防水层施工，二次衬砌施工。

一、单项选择题

1. 全断面法对地质条件要求严格，围岩必须有足够的（　　）。
   A．强度　　　　　　　　　　B．自稳能力
   C．抵抗变形能力　　　　　　D．不透水性

2. 关于台阶法的说法中，错误的是（　　）。
   A．将结构断面从上到下依次分成两个工作面，分步开挖
   B．灵活多变，适用性强，有足够的作业空间和较快的施工速度
   C．当地层无水、洞跨小于 12m 时，均可采用该方法
   D．适用于软弱围岩、第四纪沉积地层

3. 关于隧道全断面暗挖法施工的说法，错误的是（　　）。
   A．可减少开挖对围岩的扰动次数
   B．围岩必须有足够的自稳能力
   C．自上而下一次开成型并及时进行初期支护
   D．适用于地表沉降难于控制的隧道施工

4. 沿隧道轮廓采取自上而下一次开挖成形，按施工方案一次进尺及时进行初期支护的方法称为（　　）。
   A．正台阶法　　　　　　　　B．中洞法
   C．全断面法　　　　　　　　D．环形开挖预留核心土法

5. 竖井应设置安全护栏，其护栏高度不应小于（　　）m。
   A．1.1　　　　　　　　　　　B．1.2
   C．1.3　　　　　　　　　　　D．1.5

6. 马头门的开挖应分段破除竖井井壁，宜按照（　　）的顺序破除。
   A．"先拱部，再侧墙，最后底板"　B．"先侧墙，再拱部，最后底板"
   C．"先拱部，再底板，最后侧墙"　D．"先侧墙，再底板，最后拱部"

7. 马头门标高不一致时，宜遵循（　　）的原则。
   A．"先高后低"　　　　　　　B．"先低后高"
   C．"先前后后"　　　　　　　D．"先左后右"

二、多项选择题

1. 全断面开挖法的优点有（　　）。
   A．开挖对围岩的扰动次数少，有利于围岩天然承载拱的形成
   B．工序简单
   C．对地质要求严格
   D．工序复杂
   E．能充分利用围岩的自稳能力

2. 关于锁口圈梁施工，下列说法正确的有（　　）。
   A. 竖井应按设计施作锁口圈梁，圈梁埋深较大时，上部应设置挡土墙、土钉墙或"格栅钢架＋喷射混凝土"等临时围护结构
   B. 锁口圈梁处土方可超挖，及时做好边坡支护即可
   C. 圈梁混凝土强度应达到设计强度的 70% 及以上时，方可向下开挖竖井
   D. 圈梁混凝土强度应达到设计强度的 60% 及以上时，方可向下开挖竖井
   E. 锁口圈梁与格栅应按设计要求进行连接，井壁不得出现脱落

3. 关于竖井开挖与支护施工，下列说法正确的有（　　）。
   A. 应对称、分层、分块开挖，每层开挖高度不得小于格栅间距规定，随挖随支护
   B. 每一分层的开挖，宜遵循先开挖中部、后开挖周边的顺序
   C. 严格控制竖井开挖断面尺寸和高程，不得欠挖，竖井开挖到底后应及时封底
   D. 初期支护应尽快封闭成环，按设计要求做好格栅钢架的竖向连接及采取防止井壁下沉的措施
   E. 喷射混凝土应密实、平整，不得出现裂缝、脱落、漏喷、露筋、空鼓和渗漏水等现象

4. 下列关于马头门施工，说法正确的有（　　）。
   A. 竖井初期支护施工至马头门处应预埋暗梁及暗柱，并应沿马头门拱部内轮廓线打入超前小导管，注浆加固地层
   B. 破除马头门前，应做好马头门区域的竖井或隧道的支撑体系的受力转换措施
   C. 马头门开启应按顺序进行，同一竖井内的马头门不得同时施工
   D. 开挖过程中必须加强监测，一旦土体出现坍塌征兆或支护结构出现较大变形时，应简单处理后继续施工
   E. 停止开挖时，应及时喷射混凝土封闭掌子面

【答案】

一、单项选择题
1. B；　　2. C；　　3. D；　　4. C；　　5. B；　　6. A；　　7. B

二、多项选择题
1. A、B；　　　2. A、C、E；　　　3. C、D、E；　　　4. B、C、E

3.5　城市隧道工程安全质量控制

复习要点

城市隧道工程安全技术控制要点：地下管线保护，明挖基坑安全技术控制要点，浅埋暗挖法隧道施工安全技术控制要点；城市隧道工程质量控制要点：明挖法施工质量

控制，浅埋暗挖法施工质量控制要点；城市隧道工程季节性施工措施：冬期施工控制要点，雨期施工，高温施工。

一 单项选择题

1. 放坡开挖基坑时，需要根据土的分类、力学指标和开挖深度确定沟槽的（   ）。
   A．开挖方法　　　　　　　　B．边坡防护措施
   C．边坡坡度　　　　　　　　D．开挖机具

2. 地下水对基坑的危害与土质密切相关，当基坑处于（   ）地层时，在地下水作用下，容易造成坡面渗水、土粒流失、流砂，进而引起基坑坍塌。
   A．黏性土　　　　　　　　　B．砂土或粉土
   C．弱风化岩层　　　　　　　D．卵砾石层

3. 关于应对基坑坍塌、淹埋事故的说法，正确的是（   ）。
   A．及早发现坍塌、淹埋事故的征兆，及早组织抢救仪器、设备
   B．及早发现坍塌、淹埋事故的征兆，及早组织抢险
   C．发现坍塌、淹埋事故的征兆，及早进行应急演练
   D．及早发现坍塌、淹埋事故的征兆，及早组织施工人员撤离现场

4. 下列选项中，不属于基坑开挖时对现况地下管线安全保护措施的是（   ）。
   A．悬吊、加固　　　　　　　B．现况管线调查
   C．加强对现况管线监测　　　D．管线拆迁、改移

5. 模板及支架应根据安装、使用及拆除工况进行设计，并满足承载力、（   ）、整体稳固性要求。
   A．强度　　　　　　　　　　B．刚度
   C．附加荷载　　　　　　　　D．平整度

6. 混凝土强度分检验批检验评定，划入同一检验批的混凝土，其施工持续时间不宜超过（   ）个月。
   A．1　　　　　　　　　　　 B．2
   C．3　　　　　　　　　　　 D．4

7. 基坑回填料不应使用淤泥、杂土、有机质含量大于（   ）的腐殖土、过湿土、冻土和大于（   ）mm粒径的石块，并应符合设计文件要求。
   A．8%；150　　　　　　　　 B．8%；200
   C．9%；150　　　　　　　　 D．9%；200

8. 浅埋暗挖法施工中，相向开挖的两个开挖面相距约（   ）倍洞（隧）径时，应停止一个开挖面作业，进行封闭，由另一开挖面作贯通开挖。
   A．1　　　　　　　　　　　 B．2
   C．3　　　　　　　　　　　 D．4

9. 喷射混凝土施工时，喷射作业分段、分层进行，喷射顺序（   ）。
   A．由上而下　　　　　　　　B．由右而左

C．由左而右 D．由下而上

10．仰拱混凝土强度达到（　　）MPa 后，人员方可通行。
A．5 B．6
C．7 D．10

11．在寒冷、侵蚀环境中的隧道工程，防水混凝土的抗渗等级不得低于（　　），抗冻等级不得低于（　　）。
A．P8；F200 B．P7；F300
C．P8；F300 D．P7；F200

12．防水混凝土的冬期施工入模温度不应低于（　　）℃，宜掺入混凝土防冻剂等外加剂，并应采取保温保湿养护等综合措施。
A．3 B．4
C．5 D．6

13．钢筋调直冷拉温度不宜低于（　　）℃。预应力钢筋张拉温度不宜低于（　　）℃。
A．−20；−20 B．−15；−15
C．−15；−20 D．−20；−15

14．混凝土在运输、浇筑过程中的温度和覆盖的保温材料，应进行热工计算后确定，且入模温度不应低于（　　）℃。
A．3 B．4
C．5 D．6

二　多项选择题

1．基坑施工时的安全技术要求有（　　）。
A．基坑坡度或围护结构的确定方法应科学
B．尽量减少基坑顶边的堆载
C．基坑顶边不得行驶载重车辆
D．做好降水措施，确保基坑开挖期间的稳定
E．严格按设计要求开挖和支撑

2．当场地内有地下水时，应根据（　　）等因素，确定地下水控制方法。
A．场地及周边区域的工程地质条件
B．可选的地下水控制方法
C．水文地质条件
D．周边环境情况
E．支护结构与基础形式

3．地下水的控制方法主要有（　　）。
A．降水 B．注浆
C．截水 D．冷冻
E．回灌

4. 在下列做法中,( )对保护地下管线有害。
   A. 保护管线的主要方法是控制基坑变形
   B. 施工时支撑不及时
   C. 保护地下管线要做好监测工作
   D. 施工前没有对基坑周围地下管线做好调查工作
   E. 如果管线沉降较大、变形曲率过大,可采用注浆方法调整管道的不均匀沉降

5. 调查影响范围内的各种管线的方法有( )。
   A. 向设计单位查询　　　　　　B. 向管线管理单位查询
   C. 查阅有关专业技术资料　　　D. 建设单位必须提供有关资料
   E. 坑探

6. 调查基坑开挖范围内及影响范围内的各种管线,需要掌握管线的( )等。
   A. 埋深　　　　　　　　　　　B. 施工年限
   C. 使用状况　　　　　　　　　D. 位置
   E. 具体产权单位

7. 明挖法基坑开挖应对下列( )项目进行验收。
   A. 基坑平面位置、宽度、高程、平整度、地质描述
   B. 基坑降水情况
   C. 基坑放坡开挖的坡度情况
   D. 地下连续墙的外观平整度
   E. 地下管线的悬吊和基坑便桥稳固情况

8. 下列关于防水卷材铺贴说法正确的有( )。
   A. 基层面应干燥、洁净
   B. 基层面必须坚实、平整,其平整度允许偏差为3mm,且每米范围内不多于一处
   C. 基层面阴、阳角处应做成150mm圆弧或50mm×50mm钝角
   D. 保护墙找平层采用水泥砂浆抹面,其配合比为1:2,厚度为15~20mm
   E. 基层面应干燥,含水率不宜大于9%

9. 冬期浇筑的混凝土,下列其受冻临界强度应符合要求正确的有( )。
   A. 对强度等级等于或高于C50的混凝土,不宜小于设计混凝土强度等级值的20%
   B. 对有抗渗要求的混凝土,不宜小于设计混凝土强度等级值的40%
   C. 需提高混凝土强度等级时,应按提高后的强度等级确定受冻临界强度
   D. 对有抗冻耐久性要求的混凝土,不宜小于设计混凝土强度等级值的70%
   E. 当采用暖棚法施工的混凝土中掺入早强剂时,可按综合蓄热法受冻临界强度取值

10. 下列关于混凝土蒸汽养护法说法正确的有( )。
    A. 蒸汽养护法应采用低压饱和蒸汽,当工地有高压蒸汽时,应通过减压阀或过水装置后方可使用

B. 蒸汽养护的混凝土，采用普通硅酸盐水泥时最高养护温度不得超过75℃，采用矿渣硅酸盐水泥时可提高到85℃

C. 采用蒸汽养护的混凝土，不可掺入早强剂或非引气型减水剂

D. 蒸汽加热养护混凝土时，应排除冷凝水，并应防止渗入地基土中。当有蒸汽喷出口时，喷嘴与混凝土外露面的距离不得小于300mm

E. 蒸汽养护应包括升温—恒温—降温三个阶段，各阶段加热延续时间可根据养护结束时要求的强度确定

11. 下列关于高温施工说法正确的有（   ）。

A. 当温度改变引起的钢支撑结构内力不可忽略不计时，应考虑温度应力

B. 涂料防水层不得在施工环境温度高于30℃或烈日暴晒时施工

C. 混凝土配合比宜降低水泥用量，并可采用矿物掺合料替代部分水泥；宜选用水化热较低的水泥

D. 混凝土坍落度不宜小于60mm

E. 混凝土浇筑宜在早间或晚间进行，且应连续浇筑。当混凝土水分蒸发较快时，应在施工作业面采取挡风、遮阳、喷雾等措施

【答案】

一、单项选择题

1. C； 2. B； 3. D； 4. B； 5. B； 6. C； 7. A； 8. B；
9. D； 10. A； 11. C； 12. C； 13. D； 14. C

二、多项选择题

1. A、B、D、E； 2. A、C、D、E； 3. A、C、E； 4. B、D；
5. B、C、D、E； 6. A、B、C、D； 7. A、B、C、E； 8. A、B、E；
9. C、D、E； 10. A、D、E； 11. A、C、E

第4章 城市管道工程

4.1 城市给水排水管道工程

复习要点

我国城市排水体制，城市新型排水体制，城市排水体系建设要求；开槽管道施工方法：给水排水管道分类与管材，开槽施工工艺流程，沟槽开挖施工方案，沟槽开挖与支护施工要点，地基处理、安管，附属构筑物施工要点，沟槽回填；不开槽管道施工方法：方法选择与设备选型依据，施工方法与适用条件，施工方法与设备选择的有关要求，顶管施工法；给水排水管道功能性试验：基本要求，管道试验方案与准备工作，试验过程与合格判定。

一 单项选择题

1. 关于沟槽开挖下列说法中错误的是（ ）。
   A．人工开挖沟槽的挖深较大时，应按每层 3m 进行分层开挖
   B．机械挖槽时，沟槽分层深度按机械性能确定
   C．槽底原状地基土不得扰动
   D．槽底不得受水浸泡或受冻

2. 管道沟槽底部的开挖宽度的计算公式为：$B = D_o + 2 \times (b_1 + b_2 + b_3)$，式中的 D_o 代表（ ）。
   A．管道内径   B．管道外径
   C．管道一侧的工作面宽度   D．管道一侧的支撑厚度

3. 相同条件下放坡开挖沟槽，可采用最陡边坡的土层是（ ）。
   A．经井点降水后的软土   B．中密砂土
   C．硬塑黏土   D．硬塑粉土

4. 机械开挖沟槽应预留一定厚度土层，由人工开挖至槽底设计高程，其厚度为（ ）mm。
   A．50～100   B．100～150
   C．150～200   D．200～300

5. 在旧路上开槽埋管时，沟槽挖掘计算深度通常是指（ ）。
   A．地表标高减去管底设计标高   B．地表标高减去管道土基标高
   C．路基标高减去管底设计标高   D．路基标高减去管道土基标高

6. 关于沟槽开挖的说法，正确的是（ ）。
   A．机械开挖时，可以直接挖至槽底高程
   B．槽底土层为杂填土时，应全部挖除
   C．沟槽开挖的坡率与沟槽开挖的深度无关

D．无论土质如何，槽壁必须垂直平顺

7．当周围环境要求控制地层变形或无降水条件时宜采用（　　）。

A．手掘式顶管机施工

B．挤密土层顶管法施工

C．夯管法施工

D．土压平衡顶管机或泥水平衡顶管机施工

8．城镇区域下穿较窄道路的小口径金属管道施工宜采用（　　）。

A．手掘式顶管机　　　　　　B．定向钻

C．夯管　　　　　　　　　　D．土压平衡顶管机

9．地下管道不开槽施工与开槽施工相比，其弱项是（　　）。

A．土方开挖和回填工作量　　B．冬、雨期对施工的影响

C．对管道沿线的环境影响　　D．管道轴线与标高的控制

10．施工精度高，适用于各种土层，且管道为（$\phi 300 \sim \phi 4000$）mm 的不开槽管道施工方法是（　　）。

A．夯管　　　　　　　　　　B．定向钻

C．浅埋暗挖　　　　　　　　D．密闭式顶管

11．压力管道水压试验的管段长度不宜大于（　　）km。

A．4.0　　　　　　　　　　B．3.0

C．2.0　　　　　　　　　　D．1.0

12．给水排水管道功能性试验时，试验段的划分应符合的要求中不正确的是（　　）。

A．无压力管道的闭水试验管段应按井距分隔，抽样选取，带井试验

B．当管道采用两种（或两种以上）管材时，不必按管材分别进行水压试验

C．无压力管道的闭水试验若条件允许可一次试验不超过 5 个连续井段

D．无压力管道内径大于 700mm 时，可按井段数量抽样选取 1/3 进行闭水试验

13．下列管道做功能性试验的说法中，正确的是（　　）。

A．压力管道严密性试验分为闭水试验和闭气试验

B．无压管道水压试验分为预试验和主试验阶段

C．向管道注水应从下游缓慢注入

D．下雨时可以进行闭气试验

二　多项选择题

1．沟槽开挖前编制的沟槽开挖方案应包含的主要内容有（　　）。

A．沟槽施工平面布置图及开挖断面图

B．沟槽形式、开挖方法及堆土要求

C．施工设备机具的型号、数量及作业要求

D．有地下水影响的土方施工应有施工降、排水方案

E．安管方案

2. 关于沟槽开挖过程的支撑与支护，说法正确的是（   ）。
    A．遵循先撑后挖原则
    B．条件允许时施工人员可攀登支撑上下沟槽
    C．雨期及春季解冻时应加大监测频率
    D．钢板桩拔除后及时回填桩孔且填实
    E．无地面沉降控制要求时，宜采取边注浆边拔桩等措施

3. 下列关于雨水口施工说法，正确的是（   ）。
    A．管端面在雨水口内的露出长度不大于 20mm
    B．位于道路下雨水口与雨水支、连管应根据施工要求浇筑混凝土基础
    C．道路基层内雨水支管应采用强度等级 C25 的混凝土全包封
    D．包封混凝土施工后即可施工上部基层、面层
    E．包封混凝土达到 75% 设计强度后进行上部基层、面层施工

4. 常用不开槽管道施工方法有（   ）等。
    A．顶管法   B．盾构法
    C．浅埋暗挖法   D．螺旋钻法
    E．夯管法

5. 定向钻机的回转扭矩和回拖力主要根据（   ）确定。
    A．终孔孔径   B．轴向曲率半径
    C．管道性能   D．安全储备
    E．管道长度

6. 夯管锤的锤击力主要根据（   ）确定。
    A．管径   B．钢管力学性能
    C．安全储备   D．管道长度
    E．工程地质、水文地质和周围环境条件

7. 进行浅埋暗挖施工方案的选择应考虑的因素有（   ）。
    A．可用的施工机械   B．隧道断面和结构形式、埋深、长度
    C．工程水文地质条件 D．施工现场和周围环境安全
    E．现有的施工队伍

8. 下列管道功能性试验的说法中，正确的有（   ）。
    A．压力管道应进行水压试验，包括强度试验和严密性试验
    B．无压管道的严密性试验只能采用闭水试验而不能采用闭气试验
    C．管道严密性试验，宜采用注水法进行
    D．注水应从下游缓慢注入，在试验管段上游的管顶及管段中的高点应设置排气阀
    E．当管道采用两种（或多种）管材时，宜按不同管材分别进行试验

9. 压力管道试验准备工作包括（   ）。
    A．试验管段所有敞口应封闭，不得有渗漏水现象
    B．试验管段不得用闸阀做堵板，不得含有消火栓、水锤消除器、安全阀等附件
    C．水压试验前应清除管道内的杂物

D. 应做好水源引接、排水等疏导方案

E. 管道未回填土且沟槽内无积水

10. 必须经严密性试验合格后方可投入运行的管道有（　　）。

　　A. 污水管道

　　B. 雨污水合流管道

　　C. 设计无要求时，单口水压试验合格的玻璃钢无压管道

　　D. 设计无要求时，单口水压试验合格的预应力混凝土无压管道

　　E. 湿陷土、膨胀土、流砂地区的雨水管道

11. 关于无压管道闭水试验的说法，正确的有（　　）。

　　A. 试验管段应按井距分隔，带井试验

　　B. 一次试验不超过 5 个连续井段

　　C. 管内径大于 700mm 时，抽取井段数 1/3 试验

　　D. 管内径小于 700mm 时，抽取井段数 2/3 试验

　　E. 井段抽样采取随机抽样方式

【答案】

一、单项选择题

1. A；　2. B；　3. C；　4. D；　5. B；　6. B；　7. D；　8. C；
9. D；　10. D；　11. D；　12. B；　13. C

二、多项选择题

1. A、B、C、D；　2. A、C、D；　3. A、C、E；　4. A、B、C、E；
5. A、B、E；　6. A、B、D、E；　7. B、C、D；　8. D、E；
9. A、B、C、D；　10. A、B、E；　11. A、B、C、E

4.2 城市燃气管道工程

复习要点

燃气管道的分类：根据用途分类，根据敷设方式分类，根据输气压力分类；燃气管道、附件及设施施工技术：燃气管道非开挖铺设技术，管道敷设，管线回填及警示带敷设，燃气管道附属设备安装要点；燃气管道功能性试验：管道吹扫，强度试验，严密性试验。

一、单项选择题

1. 最高工作压力为 0.6MPa 的燃气管道为（　　）燃气管道。

　　A. 低压　　　　　　　　　　　B. 中压

　　C. 次高压　　　　　　　　　　D. 高压

2. 我国城市燃气管道按最高工作压力来分，中压 B 燃气管道压力为（　　）MPa。
   A．$0.01 < p \leq 0.2$　　　　　　B．$0.2 < p \leq 0.4$
   C．$0.4 < p \leq 0.8$　　　　　　D．$0.8 < p \leq 1.6$

3. 我国城市燃气管道按最高工作压力来分，次高压 A 燃气管道压力为（　　）MPa。
   A．$0.4 < p \leq 0.8$　　　　　　B．$0.8 < p \leq 1.6$
   C．$1.6 < p \leq 2.5$　　　　　　D．$2.5 < p \leq 4.0$

4. 我国城市燃气管道按最高工作压力来分，高压 B 燃气管道压力为（　　）MPa。
   A．$0.4 < p \leq 0.8$　　　　　　B．$0.8 < p \leq 1.6$
   C．$1.6 < p \leq 2.5$　　　　　　D．$2.5 < p \leq 4.0$

5. 通过用户管道引入口的总阀门将燃气引向室内，并分配到每个燃气用具和用气设备的是（　　）。
   A．分配管道　　　　　　　　B．用户引入管道
   C．室内燃气管道　　　　　　D．车间燃气管道

6. 干管及支管的末端连接城市或大型工业企业，作为供应区的气源点的是（　　）。
   A．长输管道　　　　　　　　B．城市燃气管道
   C．工业企业燃气管道　　　　D．炉前燃气管道

7. 高压和中压 A 燃气管道，应采用（　　）。
   A．钢管　　　　　　　　　　B．机械接口铸铁管
   C．聚乙烯管　　　　　　　　D．硬质塑料管

8. 中、低压地下燃气管道可采用（　　），但应符合有关标准的规定。
   A．钢管　　　　　　　　　　B．机械接口铸铁管
   C．聚乙烯管　　　　　　　　D．硬质塑料管

9. 宜采用钢管或机械接口铸铁管的是（　　）燃气管道。
   A．高压和中压　　　　　　　B．中压 B 和低压
   C．中、低压地下　　　　　　D．中压 A 和低压

10. 埋设在车行道下的地下燃气管道的最小覆土厚度不得小于（　　）m。
    A．0.3　　　　　　　　　　B．0.6
    C．0.9　　　　　　　　　　D．1.2

11. 穿越铁路及高速公路的地下燃气管道外应加套管，并提高（　　）。
    A．燃气管道管壁厚度　　　　B．绝缘防腐等级
    C．管道焊接质量　　　　　　D．管材强度

12. 燃气管道穿越铁路时应加套管，套管内径应比燃气管道外径大（　　）mm 以上。
    A．50　　　　　　　　　　　B．70
    C．100　　　　　　　　　　D．150

13. 穿越铁路的燃气管道应在套管上装设（　　）。
    A．放散管　　　　　　　　　B．排气管
    C．检漏管　　　　　　　　　D．排污管

14. 利用道路桥梁跨越河流的燃气管道，其输气压力不应大于（　　）MPa。
    A．0.2　　　　　　　　　　B．0.4

C．0.6　　　　　　　　　　　　D．0.8

15．敷设于桥梁上的燃气管道应采用加厚的无缝钢管或焊接钢管，尽量减少焊缝，对焊缝数量进行（　　）无损检测。

A．50%　　　　　　　　　　　B．60%

C．80%　　　　　　　　　　　D．100%

16．燃气管道随桥梁敷设，过河架空的燃气管道向下弯曲时，弯曲部分与水平管夹角宜采用（　　）。

A．30°　　　　　　　　　　　B．45°

C．60°　　　　　　　　　　　D．75°

17．燃气管道穿越不通航河流的河底时，根据水流冲刷条件及（　　）确定管道至河床的覆土厚度。

A．投锚深度　　　　　　　　　B．规划河床标高

C．疏浚深度　　　　　　　　　D．管径

18．燃气管道对接安装引起的误差不得大于（　　），否则应设置弯管。

A．8°　　　　　　　　　　　　B．5°

C．3°　　　　　　　　　　　　D．1°

19．燃气管道穿越河底时，燃气管道宜采用（　　）。

A．铸铁管　　　　　　　　　　B．钢管

C．塑料管　　　　　　　　　　D．钢筋混凝土管

20．当地下燃气管道穿过排水管、热力管沟、综合管廊时，燃气管道外部必须（　　）。

A．提高防腐等级　　　　　　　B．加大管径

C．做套管　　　　　　　　　　D．加厚管壁

21．燃气管道穿越电车轨道和城镇主要干道时宜（　　）。

A．敷设在套管或管沟内　　　　B．采用管桥

C．埋高绝缘装置　　　　　　　D．采用加厚的无缝钢管

22．燃气管道通过河流时，不可采用（　　）方式。

A．穿越河底　　　　　　　　　B．管桥跨越

C．利用道路桥梁跨越　　　　　D．敷设在套管内

23．下列燃气管道安装要求的叙述中，不正确的是（　　）。

A．高压和中压 A 燃气管道，应采用机械接口铸铁管

B．中压 B 和低压燃气管道宜采用钢管或机械接口铸铁管

C．中、低压地下燃气管道采用聚乙烯管材时，应符合有关标准的规定

D．地下燃气管道不得从建筑物和大型构筑物的下面穿越

24．聚乙烯管材与管件、阀门连接的正确方式是（　　）。

A．熔接　　　　　　　　　　　B．螺纹连接

C．粘接　　　　　　　　　　　D．明火加热

25．采用阴极保护的埋地钢管与随桥敷设燃气管道之间应设置（　　）装置。

A．绝缘　　　　　　　　　　　B．接地

71

C．消磁　　　　　　　　　　D．绝热

26．随桥敷设燃气管道的输送压力不应大于（　　）MPa。
　　A．0.4　　　　　　　　　　B．0.6
　　C．0.8　　　　　　　　　　D．1.0

27．按燃气流动方向，安装在管道最高点和每个阀门之前的附属设备是（　　）。
　　A．放散管　　　　　　　　B．排水器
　　C．补偿器　　　　　　　　D．绝缘接头

28．燃气管道在直埋电缆处为整条管道的最低点，设计应考虑增设（　　）。
　　A．阀门　　　　　　　　　B．排水器
　　C．放散管　　　　　　　　D．补偿器

29．按燃气流动方向，常安装在阀门下侧的附属设备是（　　）。
　　A．放散管　　　　　　　　B．排水器
　　C．补偿器　　　　　　　　D．绝缘接头

30．城市燃气管网系统中用来调节和稳定管网压力的设施为（　　）。
　　A．加压站　　　　　　　　B．分流站
　　C．储配站　　　　　　　　D．调压站

31．下列燃气管道钢制凝水缸安装要求的说法中，错误的是（　　）。
　　A．安装前，应按设计要求对外表面进行防腐处理
　　B．安装前，应按其产品标准要求单独进行强度和严密性试验
　　C．安装完毕后，凝水缸抽液管的防腐应比同管道的防腐高一等级
　　D．必须按现场实际情况，安装在所在管段的最低处

32．燃气管道水平定向钻额定回拉力不超过估算值的（　　）。
　　A．50%　　　　　　　　　　B．60%
　　C．70%　　　　　　　　　　D．80%

33．燃气管道严密性试验稳压时间一般不少于（　　）h，实际压力降不超过允许值为合格。
　　A．6　　　　　　　　　　　B．12
　　C．24　　　　　　　　　　 D．48

34．当室外燃气钢管的设计输气压力为0.1MPa时，其强度试验压力应为（　　）MPa。
　　A．0.1　　　　　　　　　　B．0.15
　　C．0.3　　　　　　　　　　D．0.4

35．燃气管道做水压试验时，当压力达到规定值后，应稳压（　　）h。
　　A．1　　　　　　　　　　　B．2
　　C．3　　　　　　　　　　　D．4

36．燃气管道严密性试验，当设计输气压力$p<5$kPa时，试验压力应为（　　）kPa。
　　A．25　　　　　　　　　　 B．20
　　C．15　　　　　　　　　　 D．10

37．采用肥皂水对燃气管道焊口进行检查的试验是（　　）。
　　A．气体吹扫　　　　　　　B．清管球清扫

C. 强度试验　　　　　　　　D. 严密性试验

38. 聚乙烯管道吹扫口直径与管道同径,则末端管道的公称直径应小于(　　)mm。
    A. 150　　　　　　　　　　B. 160
    C. 170　　　　　　　　　　D. 180

39. 关于聚乙烯管道功能性试验的说法,正确的是(　　)。
    A. 采用水平定向钻敷设的聚乙烯管道应在敷设前进行
    B. 采用插入法敷设的聚乙烯管道应在敷设后进行
    C. 回拖后不需要再次进行严密性试验
    D. 插入后需再次进行强度试验

二 多项选择题

1. 燃气管道根据最高工作压力分类,当管道内燃气压力不同时,对(　　)要求也不同。
    A. 管道防腐　　　　　　　　B. 管道材质
    C. 安装质量　　　　　　　　D. 焊接质量
    E. 检验标准

2. 高压燃气必须通过调压站才能送入(　　)。
    A. 中压管道　　　　　　　　B. 储气罐
    C. 低压管道　　　　　　　　D. 高压储气罐
    E. 次高压管道

3. 大城市输配管网系统的外环网一般由城市(　　)燃气管道构成。
    A. 中压 A　　　　　　　　　B. 中压 B
    C. 高压　　　　　　　　　　D. 次高压
    E. 低压

4. 关于城市燃气管网系统的说法,正确的是(　　)。
    A. 一般由城市中压或次高压燃气管道构成大城市输配管网系统的外环网
    B. 有充分必要理由且安全措施可靠,经有关部门批准,特定区域可采用次高压燃气管道
    C. 城市、工厂区和居民点可由长距离输气管线供气
    D. 个别距离城市燃气管道较远的大型用户,经论证确系经济合理且安全可靠时,可自设调压站与长输管线连接
    E. 单个居民用户不得与长输管线连接

5. 地下燃气管道不得从(　　)的下面穿越。
    A. 建筑物　　　　　　　　　B. 电车轨道
    C. 铁路　　　　　　　　　　D. 大型构筑物
    E. 高速公路

6. 地下燃气管道不得穿越(　　)。
    A. 热电厂　　　　　　　　　B. 雨水口

C．街心花园 D．汽车加油站

E．化工原料仓库

7. 关于穿越铁路的燃气管道套管应符合的要求，下列说法中正确的有（　　）。

A．套管埋设的深度应符合铁路管理部门的要求

B．套管宜采用铸铁管

C．套管内径应比燃气管道外径大 50mm 以上

D．套管两端与燃气管的间隙应采用刚性材料密封

E．套管端部距路堤坡脚外距离不应小于 2.0m

8. 下列燃气管道利用道路桥梁跨越河流的要求中，正确的有（　　）。

A．燃气管道的输送压力不应大于 0.4MPa

B．管道应设置必要的补偿和减振措施

C．燃气管道随桥梁敷设时不能有同时敷设的其他管道

D．敷设于桥梁上的燃气管道的管材可不做特殊要求

E．对管道应做较高等级的防腐保护

9. 燃气管道穿越河底时，应符合（　　）等要求。

A．稳管措施应根据施工经验确定

B．燃气管道宜采用钢管

C．燃气管道至规划河底的覆土厚度应根据管径大小确定

D．在埋设燃气管道位置的河流两岸上、下游应设立标志

E．燃气管道对接安装引起的误差不得大于 3°，否则应设置弯管

10. 地下燃气管道穿越（　　）时需要采用有效的防杂散电流腐蚀的措施。

A．高铁 B．主干道

C．电气化铁路 D．高速公路

E．城市轨道交通

11. 燃气管道的附属设备有（　　）。

A．阀门井 B．波形管

C．补偿器 D．排水器

E．绝缘接头与绝缘法兰

12. 燃气管道的阀门安装要注意的问题主要是（　　）。

A．方向性 B．安装的位置要便于操作维修

C．阀门的手轮要向下 D．阀门手轮宜位于膝盖高

E．根据阀门的工作原理确定其安装位置

13. 燃气管道的阀门安装前应做（　　）试验。

A．强度 B．严密性

C．材质 D．耐腐蚀

E．可靠性

14. 燃气管道安装完毕后需要进行功能性试验，根据试验目的可分为（　　）。

A．水压试验 B．严密性试验

C．强度试验 D．通球试验

E. 管道吹扫

15. 燃气管道严密性试验需具备的条件有（　　）。
    A. 管道安装检验合格　　　　　B. 吹扫合格设备复位
    C. 强度试验合格　　　　　　　D. 管线全线回填后
    E. 其他试验完成后

16. 关于燃气管道强度试验的说法，正确的有（　　）。
    A. 试验压力为设计压力1.5倍
    B. 钢管的试验压力不得低于0.4MPa
    C. 聚乙烯管（SDR11）的试验压力不得低于0.2MPa
    D. 聚乙烯管（SDR17.6）的试验压力不得低于0.4MPa
    E. 水压试验压力达到规定值后，稳压1h，观察压力计30min，无压力降为合格

【答案】

一、单项选择题

1. C； 2. A； 3. B； 4. C； 5. C； 6. A； 7. A； 8. C；
9. B； 10. C； 11. B； 12. C； 13. C； 14. B； 15. D； 16. B；
17. B； 18. C； 19. A； 20. C； 21. A； 22. D； 23. A； 24. A；
25. A； 26. A； 27. A； 28. B； 29. C； 30. D； 31. C； 32. C；
33. C； 34. D； 35. A； 36. B； 37. D； 38. B； 39. A

二、多项选择题

1. B、C、E； 2. A、D、E； 3. C、D； 4. B、C、D、E；
5. A、D； 6. A、D、E； 7. A、E； 8. A、B、E；
9. B、D、E； 10. A、C、E； 11. A、C、D、E； 12. A、B、E；
13. A、B； 14. B、C、E； 15. C、D； 16. A、B、E

4.3　城市供热管道工程

复习要点

供热管道的分类：按热媒种类分类，按所处地位分类，按敷设方式分类，按供回分类；供热管道、附件及设施施工技术：供热管道施工与安装要求，供热管网附件安装要求，换热站设施安装；供热管道功能性试验：强度试验和严密性试验，清洗，试运行。

一　单项选择题

1. 直接按热媒分类的热力管网是（　　）。
    A. 热水热网　　　　　　　　　B. 一级管网

  C．地沟管网   D．闭式管网

2．按敷设方式分，热力网最常见的类型有：管沟敷设、直埋敷设、（　　）。
  A．顶管敷设   B．浅埋暗挖敷设
  C．盾构敷设   D．架空敷设

3．按所处的地位分，属于从热源至换热站的供热管道系统是（　　）。
  A．一级管网   B．二级管网
  C．供水管网   D．回水管网

4．低温热水热网的最高温度是（　　）℃。
  A．70   B．80
  C．90   D．100

5．一般来说，二级热水管网是指（　　）。
  A．从换热站至用户的供水管网   B．从换热站至用户的供回水管网
  C．从热源至换热站的回水管网   D．从热源至换热站的供回水管网

6．按供回分类，从热源至热用户（或换热站）的热力管道为（　　）。
  A．供水（汽）管   B．回水管
  C．热水管   D．干管

7．施工单位应根据建设单位或设计单位提供的城镇平面控制网点和城市水准网点的位置、编号、精度等级及其坐标和高程资料，确定管网的（　　）。
  A．实际线位   B．设计线位和高程
  C．实际高程   D．施工线位和高程

8．热力管道外径或内径相等，薄件厚度（　　）mm，且厚度差大于薄件厚度30%或大于5mm时，应将厚件削薄。
  A．大于2   B．大于3
  C．大于4   D．大于5

9．在0℃度以下的气温中焊接，应在焊口两侧（　　）mm范围内对焊件进行预热。
  A．50   B．60
  C．80   D．100

10．对接管口时，应检查管道平直度，在距接口中心200mm处测量，允许偏差（　　）mm。
  A．0～1   B．0～2
  C．0～3   D．0～4

11．某热力管道保温棉毡厚12cm，至少应分为（　　）层施工。
  A．1   B．2
  C．3   D．4

12．一级及二级管网应进行强度和严密性试验，试验压力分别为（　　）倍设计压力，且不得低于0.6MPa。
  A．1.25与1.5   B．1.15与1.25
  C．1.25与1.15   D．1.5与1.25

13. 热力管网试运行的时间应从正常试运行状态的时间开始计算连续运行(　　)h。

　　A．72　　　　　　　　　　　B．60

　　C．48　　　　　　　　　　　D．36

二　多项选择题

1. 不是按热媒分类的热力管网有（　　）。

　　A．蒸汽热网　　　　　　　　B．一级管网

　　C．开式系统　　　　　　　　D．热水热网

　　E．直埋敷设管网

2. 下列温度的水中，(　　)℃不是高温热水热网中供水管内的水。

　　A．100　　　　　　　　　　　B．120

　　C．95　　　　　　　　　　　D．150

　　E．90

3. 架空敷设的支架按其支撑结构高度不同可分为（　　）。

　　A．高支架　　　　　　　　　B．中支架

　　C．低支架　　　　　　　　　D．限位支架

　　E．导向支架

4. 敷设热力管网的方式一般可分为（　　）。

　　A．供回水敷设　　　　　　　B．管沟敷设

　　C．架空敷设　　　　　　　　D．直埋敷设

　　E．低支架敷设

5. 供热蒸汽热网按其压力一般可分为（　　）蒸汽热网。

　　A．超低压　　　　　　　　　B．低压

　　C．中压　　　　　　　　　　D．高压

　　E．超高压

6. 按供回对热网分类时，蒸汽热网的管道组成为（　　）。

　　A．供汽管　　　　　　　　　B．回水管

　　C．凝水管　　　　　　　　　D．供水管

　　E．热水管

7. 下列敷设方式中属于管沟敷设的是（　　）。

　　A．高支架　　　　　　　　　B．通行管沟

　　C．不通行管沟　　　　　　　D．低支架

　　E．半通行管沟

8. 城市热力管道在实施焊接前，应根据焊接工艺试验结果编写焊接工艺方案，方案应包括以下主要内容：管材、板材性能和焊接材料；焊接方法；焊接参数的选择；（　　）。

　　A．焊接结构形式及外形尺寸

　　B．焊接接头的组对要求及允许偏差

C．焊缝长度及点数的规定

D．坡口形式及制作方法

E．检验方法及合格标准

9．供热管线工程竣工后，应全部进行（　　　）测量。

A．平面位置　　　　　　　B．高程

C．坐标　　　　　　　　　D．高度

E．地图

10．关于供热管道安装前准备工作的说法，正确的有（　　　）。

A．管道安装前，应完成支、吊架的安装和防腐处理

B．管道的管径、壁厚和材质应符合设计要求，并应验收合格

C．可预组装的管路附件宜在管道安装前完成，并应验收合格

D．补偿器应在管道安装前先与管道连接

E．安装前应对中心线和支架高程进行复核

11．下列关于不合格焊缝返修的要求中，符合规范要求的有（　　　）。

A．应分析缺陷产生原因，编制返修工艺文件

B．返修前应将缺陷清除干净

C．预热温度应低于原焊缝温度

D．同一部位的返修次数不应超过两次，根部除外

E．根部缺陷只允许返修一次

12．关于供热管网清（吹）洗规定的说法，正确的有（　　　）。

A．供热管网的清洗应在试运行前进行

B．清洗前，应编制清洗方案

C．供热管道清洗应按主干线、支干线、支线分别进行

D．供热管道二级管网可与一级管网一起清洗

E．蒸汽管道应采用蒸汽吹洗

13．关于供热管道用蒸汽吹洗的要求，正确的有（　　　）。

A．蒸汽吹洗的排气管应引出室外，管口不得朝下并应设临时固定支架

B．蒸汽吹洗前应先暖管，恒温 1h 达到设计要求后进行吹洗

C．吹洗压力不应大于管道工作压力的 80%

D．吹洗次数应为 2～3 次，每次的间隔时间宜为 20～30min

E．吹洗后，要及时在管座、管端等部位掏除污物

14．关于供热管网试运行的要求，正确的有（　　　）。

A．供热管线工程应与换热站工程联合进行试运行

B．试运行期间，管道法兰、阀门、补偿器及仪表等处的螺栓应进行热拧紧

C．试运行应完成各项检查，并做好试运行记录

D．试运行期间发现的问题，不影响试运行安全的，可待试运行结束后处理

E．试运行期间发现问题必须当即停止试运行，进行处理

【答案】

一、单项选择题

1．A； 2．D； 3．A； 4．D； 5．B； 6．A； 7．D； 8．C；
9．A； 10．A； 11．B； 12．D； 13．A

二、多项选择题

1．B、C、E； 2．A、C、E； 3．A、B、C； 4．B、C、D；
5．B、C、D； 6．A、C； 7．B、C、E； 8．A、B、D、E；
9．A、B； 10．A、B、C、E； 11．A、B、D、E； 12．A、B、C、E；
13．A、B、D、E； 14．A、B、C、D

4.4 城市管道工程安全质量控制

复习要点

城市管道工程安全技术控制要点：一般要求，不开槽管道施工安全控制，监测，土方及支护施工安全控制，管道安装施工安全控制；城市管道工程质量控制要点：城市管道工程质量控制指标，管道施工质量控制要点；城市管道工程季节性施工措施：冬期施工措施，雨期施工措施，高温期施工措施。

一、单项选择题

1．在距直埋缆线（　　）m 范围内和距各类管道（　　）m 范围内，应人工开挖。
  A．1；1　　　　　　　　　　B．1；2
  C．2；1　　　　　　　　　　D．2；2

2．管顶或结构顶以上（　　）m 范围内应采用人工夯实，不得采用动力夯实机或压路机压实。
  A．0.5　　　　　　　　　　B．1
  C．1.5　　　　　　　　　　D．2

3．以下管道安装施工安全控制的说法中正确的是（　　）。
  A．所有的管路附件不得预组装
  B．管道安装前应将内部清理干净，安装完成应及时封闭管口
  C．埋设燃气管道警示带时距管顶的距离宜为 0.5～1m，但不得敷设于路基和路面里
  D．在有限空间内作业应制定作业方案，作业前应先进行气体检测，采取通风措施后方可进行现场作业

4．热力管道直埋保温管道管顶以上不小于（　　）mm 处应铺设警示带。
  A．100　　　　　　　　　　B．200
  C．300　　　　　　　　　　D．500

5. 燃气管道聚乙烯管热熔连接的焊接接头连接完成后，应对接头进行（   ）卷边对称性和接头对正性检验。

   A．15% B．50%
   C．80% D．100%

6. 下列关于管道施工说法正确的是（   ）。

   A．顶管顶进距离小于300m时应采用激光定向等测量控制技术
   B．燃气管道热熔连接采用电熔承插连接时周边表面应有明显的刮皮痕迹，端口的接缝处应有熔融料溢出
   C．热力管道直埋保温管道管顶以上不小于300mm处应铺设警示带
   D．热力管道的强度和严密性试验当试验过程中发现渗漏时，可带压处理

7. 冬期进行管道闭水试验时，应采取防冻、防滑等措施。进行水压试验冬期时管身应填土至管顶以上（   ）mm。

   A．200 B．300
   C．400 D．500

8. 下列关于管道工程雨期施工的说法不正确的是（   ）。

   A．雨期沟槽施工时可适当放大边坡坡度
   B．沟槽开挖前，施工现场应设置排水疏导线路；宜先下游后上游安排施工
   C．雨期施工应分期、分段、分片施工，工作面不宜过大，流水施工
   D．管道敷设完成后应及时进行检查井施工；雨天进行管道接口施工，应采取防雨措施

二 多项选择题

1. 不开槽管道施工采用起重设备或垂直运输系统，下列说法正确的有（   ）。

   A．起重作业前应试吊，吊离地面500mm左右时，应检查重物捆扎情况和制动性能，确认安全后方可起吊
   B．起吊时工作井内严禁站人，当吊运重物下井距作业面底部小于100mm时，操作人员方可近前工作
   C．起重设备必须经过起重荷载计算
   D．工作井上、下作业时必须有联络信号
   E．严禁超负荷使用

2. 沟槽回填主要控制项目有（   ）。

   A．回填材料 B．柔性管道的变形率
   C．宽度 D．压实度
   E．厚度

3. 沟槽回填前应进行现场试验，明确（   ）。

   A．压实遍数 B．虚铺厚度
   C．压实工具 D．含水率
   E．压实度

【答案】

一、单项选择题
1. C；　　2. A；　　3. B；　　4. C；　　5. D；　　6. C；　　7. D；　　8. A

二、多项选择题
1. C、D、E；　　2. A、B、D；　　3. A、B、C、D

第 5 章 城市综合管廊工程

5.1 城市综合管廊分类与施工方法

复习要点

综合管廊分类：综合管廊基本概念及特点，综合管廊类型，综合管廊断面布置；综合管廊主要施工方法：明挖法施工，盾构法施工，浅埋暗挖法施工。

一 单项选择题

1. 综合管廊应统一规划、设计、施工和维护，并应满足管线的使用和（　　）要求。
   A．服务　　　　　　　　B．保护
   C．绿色环保　　　　　　D．运营维护

2. 综合管廊一般分为干线综合管廊、（　　）、缆线综合管廊三种。
   A．支线综合管廊　　　　B．次干线综合管廊
   C．专线综合管廊　　　　D．混合综合管廊

3. 矩形断面钢筋混凝土结构管廊的缺点是（　　）。
   A．稳定性差　　　　　　B．结构复杂
   C．防水性能差　　　　　D．结构受力不利

4. （　　）kV 及以上电力电缆不应与通信电缆同侧布置。
   A．10　　　　　　　　　B．110
   C．220　　　　　　　　 D．330

5. 综合管廊基坑顶部（　　）m 范围以外堆载时，不应超过设计荷载值，并应设置堆放物料的（　　）。
   A．1；警告牌　　　　　 B．2；限重牌
   C．1；限重牌　　　　　 D．2；警告牌

6. 每段排水明沟中心点向相邻的两个集水坑找坡，沟底坡度宜为（　　）。
   A．1%　　　　　　　　　B．1.5%
   C．2%　　　　　　　　　D．2.5%

二 多项选择题

1. 综合管廊包括（　　）等。
   A．管廊主体　　　　　　B．附属设施
   C．入廊管线　　　　　　D．防水工程
   E．消防工程

2. 综合管廊附属设施包括消防系统、通风系统、供电系统、照明系统、(   )等。
   A. 排水系统　　　　　　　　B. 标识系统
   C. 智能系统　　　　　　　　D. 弱电系统
   E. 监控与报警系统

3. 综合管廊一般分为(   )综合管廊。
   A. 干线　　　　　　　　　　B. 支线
   C. 混合　　　　　　　　　　D. 缆线
   E. 矩形断面

4. 关于综合管廊内管线布置的要求，说法正确的有(   )。
   A. 热力管道不应与电力电缆同舱敷设
   B. 热力管道采用蒸汽介质时应在独立舱室内敷设
   C. 压力管道进出综合管廊时，应在综合管廊内部设置阀门
   D. 给水管道与热力管道同侧布置时，给水管道宜布置在热力管道下方
   E. 污水应采用管道排水方式，宜设置在综合管廊底部

5. 预制装配式管廊结构节段拼装湿接缝应(   )。
   A. 密实　　　　　　　　　　B. 平整
   C. 光滑　　　　　　　　　　D. 无空鼓
   E. 无孔

6. 综合管廊采用盾构法施工时壁后注浆应根据(   )等选择注浆方式、注浆压力和注浆量。
   A. 工程地质条件　　　　　　B. 地表沉降状态
   C. 环境要求　　　　　　　　D. 设备情况
   E. 施工队伍

7. 下列综合管廊浅埋暗挖法施工应注意的事项中，正确的有(   )。
   A. 竖井应根据周边交通、建(构)筑物及水文地质情况等进行设置，宜结合永久结构设置工作竖井
   B. 应及时进行初期支护，尽快封闭成环
   C. 及时进行初期支护背后回填注浆
   D. 减小施工对地层的扰动，控制建(构)筑物的沉降
   E. 暗挖管廊通风设备宜安装在管廊外部

8. 多舱管廊内的中隔墙，采用装配式拼装时，在预制管节时预留卡槽，(   )应符合设计要求。
   A. 卡槽刚度　　　　　　　　B. 卡槽强度
   C. 卡槽精度　　　　　　　　D. 注浆孔
   E. 防水性能

【答案】

一、单项选择题
1. D； 2. A； 3. D； 4. B； 5. B； 6. C
二、多项选择题
1. A、B、C； 2. A、B、E； 3. A、B、D； 4. A、B、D、E；
5. A、B、D、E； 6. A、B、C、D； 7. A、B、C、D； 8. B、C

5.2 城市综合管廊施工技术

复习要点

工法选择；结构施工技术：现浇钢筋混凝土结构，预制拼装钢筋混凝土结构，综合管廊防水技术，基坑回填；运营管理。

一 单项选择题

1. 明挖法预制拼装综合管廊适用于（　　）和垂直、水平变化较少的管网建设。
   A. 老城区　　　　　　　　B. 城市新建区
   C. 管网改造建设　　　　　D. 埋深较深

2. 盾构法适用连续的施工长度不小于（　　）m 的城市管网建设。
   A. 100　　　　　　　　　　B. 200
   C. 300　　　　　　　　　　D. 500

3. 综合管廊先浇筑混凝土底板，待底板混凝土强度大于（　　）MPa，再搭设满堂支架施工侧墙与顶板。
   A. 2.5　　　　　　　　　　B. 3.0
   C. 5.0　　　　　　　　　　D. 8.0

4. 预制拼装构件运输及吊装时，混凝土强度应符合设计要求。当设计无要求时，不应低于设计强度的（　　）。
   A. 75%　　　　　　　　　　B. 80%
   C. 90%　　　　　　　　　　D. 100%

5. 预制构件安装前，应复验合格。当构件上有裂缝且宽度超过（　　）mm 时，应进行鉴定。
   A. 0.1　　　　　　　　　　B. 0.2
   C. 0.3　　　　　　　　　　D. 0.5

6. 管廊顶板上部（　　）mm 范围内回填材料不得使用重型及振动压实机械碾压。
   A. 500　　　　　　　　　　B. 800
   C. 1000　　　　　　　　　D. 1200

7. 对综合管廊特殊狭窄空间、回填深度大、回填夯实困难等回填质量难以保证的施工，采用（　　）。

  A．机械回填技术   B．机械为主，人工辅助技术

  C．泵车灌注技术   D．流态固化土新技术

8．综合管廊防水施工时在转角或阴阳角等特殊部位增设防水层的宽度应不小于（　　）mm。

  A．300   B．500

  C．800   D．1000

9．利用综合管廊结构本体的雨水渠，每年非雨季节清理疏通不应少于（　　）次。

  A．1   B．2

  C．3   D．4

二　多项选择题

1．综合管廊主体结构沉降小的施工方法有（　　）。

  A．明挖法现浇   B．明挖法预制拼装

  C．顶管法   D．盾构法

  E．浅埋暗挖法

2．顶管法施工的优点有（　　）。

  A．对地面和周边环境影响小

  B．不受自然环境和气候条件影响

  C．适用于埋深较深的城市管网建设

  D．适用于距离长的城市管网建设

  E．主体结构沉降小

3．下列综合管廊现浇钢筋混凝土结构施工的说法中，正确的有（　　）。

  A．混凝土的浇筑应在模板和支架检验合格后进行

  B．混凝土侧墙和顶板，若不能连续浇筑时应留置施工缝

  C．设计有变形缝时，应按变形缝分仓浇筑

  D．模板及支撑的强度、刚度及稳定性应满足受力要求

  E．预留孔、预埋管、预埋件及止水带等周边混凝土浇筑时，应加强振捣

4．下列综合管廊预制拼装钢筋混凝土结构施工的说法中，正确的有（　　）。

  A．构件的标识应朝向内侧

  B．预制构件安装前，应复验合格

  C．预制构件安装前应对其外观、裂缝等情况进行检验

  D．构件堆放的场地应平整夯实，并应具有良好的排水措施

  E．预制构件和现浇结构之间、预制构件之间的连接应按施工要求进行

5．下列综合管廊防水技术的说法中，正确的有（　　）。

  A．在结构自防水的基础上，辅以柔性防水层

  B．有机防水涂料基面应干燥

  C．止水带的接槎不得甩在结构转角处，应设置在较低部位，接头宜采用热压

焊接

D．插口部位宜设置一道弹性橡胶密封条

E．接缝部位的空腔，应采用弹性注浆材料进行注浆封闭

6. 下列综合管廊基坑回填施工方法中，正确的有（　　）。

    A．回填时不得损伤管廊主体、管廊无沉降和位移

    B．管廊顶板上部500mm范围内回填材料不得使用重型及振动压实机械碾压

    C．对综合管廊特殊狭窄空间、回填深度大、回填夯实困难等回填质量难以保证的施工，采用流态固化土新技术

    D．基坑回填施工时，应采取措施防止管廊上浮

    E．当设计无要求时，人行道、机动车道路下填土宽度每侧应比设计要求宽30cm

7. 关于综合管廊管廊内管道避让的原则，说法正确的有（　　）。

    A．分支管让主干管　　　　　B．有压管让无压管
    C．给水管让排水管　　　　　D．低压管让高压管
    E．永久管线避让临时管线

8. 在预制拼装钢筋混凝土结构中，预制构件螺栓连接时，（　　）应符合要求。

    A．螺栓的材质　　　　　　　B．螺栓规格
    C．混凝土强度　　　　　　　D．螺栓拧紧力距
    E．材料强度

9. 预制拼装工艺流程图中，预应力张拉施工后续步骤有（　　）。

    A．节段接缝施工　　　　　　B．间隙灌缝
    C．现浇段施工　　　　　　　D．安装第二孔
    E．防水施工

10. 下列综合管廊运营管理的说法中，正确的有（　　）。

    A．综合管廊建成后，应由专业单位进行日常管理

    B．综合管廊投入运营后应定期检测评定，对运行状况应进行安全评估

    C．各专业管线单位应编制所属管线的年度维护维修计划，自行安排管线的维修时间

    D．信息化管理平台是一个综合系统，实现统一管理、联动控制及信息共享

    E．综合管廊内实行动火作业时，应采取防火措施

11. 关于综合管廊资料管理，说法正确的有（　　）。

    A．综合管廊建设、运营维护过程中，档案资料的存放、保管应符合国家现行标准的有关规定

    B．综合管廊建设期间的档案资料应由施工单位负责收集、整理、归档

    C．综合管廊维护期间的档案资料应由建设单位负责收集、整理、归档

    D．建设单位应及时移交相关资料

    E．综合管廊相关设施进行维修及改造后，应将维修和改造的技术资料整理、存档

【答案】

一、单项选择题

1. B; 2. C; 3. C; 4. A; 5. B; 6. C; 7. D; 8. B;
9. B

二、多项选择题

1. A、B; 2. A、B; 3. A、C、D、E; 4. B、C、D;
5. A、B、E; 6. A、C、D; 7. A、B、C、D; 8. A、B、D;
9. B、C、D、E; 10. A、B、D、E; 11. A、D、E

第 6 章 海绵城市建设工程

6.1 海绵城市建设技术设施类型与选择

复习要点

海绵城市建设技术设施类型：渗透设施，存储与调节设施，转输设施，截污净化设施；海绵城市建设技术设施选择：渗透设施的选择，存储与调节的选择，转输设施的选择，截污净化设施的选择。

一、多项选择题

1. 目前海绵城市建设技术设施类型主要有（　　）。
   A．渗透设施　　　　　　　　B．存储与调节设施
   C．排水设施　　　　　　　　D．截污净化设施
   E．转输设施

【答案】

一、多项选择题
1．A、B、D、E

6.2 海绵城市建设施工技术

复习要点

渗透技术：透水铺装，下沉式绿地，生物滞留带，渗透塘；储存与调节技术：湿塘、雨水湿地，蓄水池，调节塘，调节池；转输技术：植草沟，渗透管渠；截污净化技术：植被缓冲带，初期雨水弃流设施，人工土壤渗滤。

一、单项选择题

1. 下沉式绿地应低于周边铺砌地面或道路，下沉深度应根据土壤渗透性能确定，一般为（　　）mm。
   A．50～150　　　　　　　　B．100～200
   C．150～250　　　　　　　　D．200～300

2. 采用透水铺装时，铺装面层孔隙率不小于（　　），透水基层孔隙率不小于（　　）。
   A．30%；20%　　　　　　　B．20%；30%

C．10%；20% D．20%；10%

3. 对于土壤渗透性较差的地区，可适当缩小雨水溢流口高程与绿地高程的差值，使得下沉式绿地集蓄的雨水能够在（　　）h 内完全下渗。

A．6 B．12
C．24 D．48

4. 生物滞留设施内应按设计要求设置溢流设施，一般采用溢流竖管、盖箅溢流井或雨水口等，地面溢流设施顶一般应低于汇水面（　　）mm。

A．50 B．100
C．150 D．200

5. 蓄水池处于地下水位较高时，施工时应根据当地实际情况采取（　　）。

A．抗浮措施 B．锚固措施
C．降水措施 D．疏水措施

6. 植草沟可转输雨水，在地表浅沟中种植植被，利用沟内的植物和土壤截留、净化雨水径流，植草沟总高度不宜大于（　　）mm。

A．300 B．400
C．500 D．600

7. 植草沟可转输雨水，在地表浅沟中种植植被，利用沟内的植物和土壤截留、净化雨水径流，上顶宽度应根据汇水面积确定，宜为（　　）mm。

A．300～2100 B．400～2200
C．500～2300 D．600～2400

8. 植草沟是指可转输雨水，在地表浅沟中种植植被，利用沟内的植物和土壤截留、净化雨水径流的措施，底部宽度宜为（　　）mm。

A．200～1200 B．300～1500
C．400～1600 D．500～1800

9. 转输和干式植草沟植被平均高度宜控制在（　　）mm。

A．50～100 B．100～200
C．150～200 D．200～250

10. 渗透管渠指具有渗透功能的雨水管渠，渗透管渠开孔率应控制在（　　）之间。

A．1%～3% B．2%～4%
C．3%～5% D．4%～6%

11. 渗透管渠指具有渗透功能的雨水管渠，采用无砂混凝土管的雨水管渠的孔隙率应大于（　　）。

A．16% B．18%
C．20% D．22%

12. 渗透管渠设在行车路面下时覆土深度不应小于（　　）mm。

A．500 B．600
C．700 D．800

13. 植被缓冲带坡度一般为（　　）。
    A．2%～6%　　　　　　　　B．3%～7%
    C．4%～8%　　　　　　　　D．5%～9%
14. 植被缓冲带前应设置碎石消能，宽度一般不宜小于（　　）m。
    A．1　　　　　　　　　　　B．1.5
    C．2　　　　　　　　　　　D．2.5
15. 下列雨水渗透设施为埋地渗透设施的是（　　）。
    A．下沉式绿地　　　　　　　B．渗透塘
    C．生物滞留设施　　　　　　D．渗井
16. 调节塘的主要功能为（　　）。
    A．净化雨水　　　　　　　　B．雨水储存利用
    C．消减峰值流量　　　　　　D．雨水下渗

二　多项选择题

1. 下沉式绿地的植物应严格按照设计要求选用，并能保证（　　）要求。
    A．耐旱耐淹　　　　　　　　B．耐寒
    C．净化雨水　　　　　　　　D．存活率高
    E．低维护
2. 调节池主要用于消减下游雨水管渠峰值流量，减少下游雨水管渠断面，常用于雨水管渠中游，是解决下游现状雨水管渠过水能力不足的有效办法，主要包括（　　）。
    A．预制调节池　　　　　　　B．塑料模块调节池
    C．管组式调节池　　　　　　D．钢筋混凝土调节池
    E．砖砌调节池
3. 渗透塘前设置沉砂池等预处理措施的作用有（　　）。
    A．溢流　　　　　　　　　　B．去除大颗粒污染物
    C．补充地下水　　　　　　　D．减缓流速
    E．防止原土渗入

【答案】

一、单项选择题
1．B；　2．B；　3．C；　4．B；　5．A；　6．D；　7．D；　8．B；
9．B；　10．A；　11．C；　12．C；　13．A；　14．C；　15．D；　16．C
二、多项选择题
1．A、C、E；　　2．B、C、D；　　3．B、D

第7章 城市基础设施更新工程

7.1 道路改造施工

复习要点

微信扫一扫
在线做题+答疑

道路改造施工内容；道路改造施工技术：沥青路面病害及微表处理，水泥混凝土路面病害处理，旧路加铺沥青混合料面层工艺，铺砌路面及人行道改造施工技术，沥青路面再生施工技术。

一 单项选择题

1. 缝宽在（　　）mm 及以内的，应采用专用灌缝（封缝）材料或热沥青灌缝，缝内潮湿时应采用乳化沥青灌缝。

   A. 10　　　　　　　　　　　B. 15
   C. 20　　　　　　　　　　　D. 30

2. 对路面板出现（　　）mm 宽的轻微裂缝，可采用直接灌浆法处治，灌浆材料应满足现行行业标准《混凝土裂缝修补灌浆材料技术条件》JG/T 333—2011 有关规定。

   A. 小于 5　　　　　　　　　B. 小于 2
   C. 大于等于 2　　　　　　　D. 大于等于 10

3. 碎石封层工艺对旧路罩面施工时，对原路面应清理干净，保持干燥，无杂物和灰尘。洒布沥青材料时气温不得低于（　　）℃，路面温度不得低于 25℃，严禁在雾天或雨天施工。

   A. 20　　　　　　　　　　　B. 25
   C. 15　　　　　　　　　　　D. 30

4. 快速路和主干路热再生沥青路面施工，气温不得低于（　　）℃；次干路和支路热再生沥青路面施工，气温不得低于 5℃。厂拌温再生沥青路面施工，气温不得低于 5℃。厂拌热再生、厂拌温再生与现场热再生沥青路面不得在雨天、路面潮湿的情况下施工。

   A. 5　　　　　　　　　　　　B. 10
   C. 15　　　　　　　　　　　D. 20

二 多项选择题

1. 城市道路更新改造过程中，旧沥青路面做加铺、罩面前需进行病害处理，沥青路面病害主要包括（　　）等类型。

   A. 壅包、车辙　　　　　　　B. 沉陷、翻浆
   C. 坑槽　　　　　　　　　　D. 拱胀、错台
   E. 裂缝

2. 用于稀浆封层的原材料有（　　）和水。
   A．煤沥青　　　　　　　　B．乳化沥青或改性乳化沥青
   C．石油沥青　　　　　　　D．集料
   E．添加剂

3. 稀浆罩面质量验收主控项目为（　　）。
   A．表观质量　　　　　　　B．抗滑性能
   C．渗水系数　　　　　　　D．厚度
   E．边线质量

4. 根据不同的适用范围和工程实际情况，沥青路面再生利用技术包括（　　）。
   A．厂拌热再生　　　　　　B．厂拌温再生
   C．现场热再生　　　　　　D．厂拌冷再生
   E．现场温再生

【答案】

一、单项选择题
1．A；　2．B；　3．A；　4．B

二、多项选择题
1．A、B、C、E；　2．B、D、E；　3．B、C、D；　4．A、B、C、D

7.2　桥梁改造施工

复习要点

桥梁改造施工内容：桥梁维护施工技术分类，桥梁加固施工技术；桥梁改造施工技术：桥梁改造设计施工要求，桥梁常用改建方案，新旧桥梁上部结构拼接的构造要求，桥梁增大截面加固法施工技术，桥梁粘贴钢板加固法施工技术。

一　单项选择题

1. 桥梁加固之前，应对原结构构件的混凝土进行现场强度检测，原构件混凝土强度受弯构件不应低于（　　），受压构件不应低于（　　）。
   A．C20；C20　　　　　　　B．C20；C15
   C．C15；C20　　　　　　　D．C15；C15

2. （　　）是对桥梁结构采取补强、修复、调整内力等措施，从而满足结构承载力及设计要求的工程。
   A．中修工程　　　　　　　B．大修工程
   C．加固工程　　　　　　　D．改扩建工程

3. 桥梁粘贴钢板加固法适用的环境温度不符合条件的是（ ）℃。
   A．9 B．26
   C．31 D．36

4. 下列关于桥梁增大截面加固法施工技术要求的选项中，说法错误的是（ ）。
   A．当加固钢筋混凝土受弯、受压及受拉构件时，可采用增大截面加固法
   B．加固之前，应对原结构构件的混凝土进行现场强度检测
   C．在施工质量满足要求后，加固后构件可按新旧混凝土组合截面计算
   D．加固前应对原结构构件的截面尺寸、轴线位置、裂缝状况等进行检查和复核

5. 浇筑混凝土完毕后应及时对混凝土采取浇水、覆盖、涂刷养护剂等方法养护。对采用一般性能混凝土，养护时间不得少于（ ）d。
   A．3 B．5
   C．7 D．14

6. 下列关于桥梁粘贴钢板加固法施工技术要求的选项中，说法错误的是（ ）。
   A．当加固钢筋混凝土受弯、受压及受拉构件时，可采用粘贴钢板加固法
   B．当粘贴钢板加固混凝土结构时，宜将钢板设计成仅承受径向力作用
   C．粘贴钢板外表面应进行防护处理
   D．胶粘剂和混凝土缺陷修补胶应密封，并应存放于常温环境

7. 利用增大截面加固法施工技术对桥梁工程进行加固施工，下列施工步骤正确的是（ ）。
   ① 清理、修整原结构、构件
   ② 植筋或锚栓施工
   ③ 新增钢筋制作与安装
   ④ 界面处理
   ⑤ 安装模板，浇筑混凝土
   ⑥ 养护及拆模
   A．①→②→③→④→⑤→⑥ B．①→③→②→④→⑤→⑥
   C．①→③→④→②→⑤→⑥ D．①→④→②→③→⑤→⑥

二 多项选择题

1. 城市桥梁的养护工程宜分为（ ）。
   A．中修工程 B．大修工程
   C．加固工程 D．抢修工程
   E．改扩建工程

2. 桥梁工程常用的加固施工技术有（ ）。
   A．增大截面加固法 B．粘贴钢板加固法
   C．预应力加固法 D．植筋加固法
   E．锚栓加固法

3. 利用增大截面加固法施工技术对桥梁工程进行加固施工，浇筑混凝土前，应对

下列哪些项目按隐蔽工程要求进行验收（　　）。

  A．界面处理施工质量

  B．新增钢筋的品种、规格、数量和位置

  C．新增钢筋与原构件的连接构造及焊接质量

  D．新增钢筋产品合格证和质量证明书

  E．预埋件的规格、位置

4．下列桥梁粘贴钢板加固法施工技术选项中属于压力注胶粘贴钢板加固施工步骤的有（　　）。

  A．预埋件的规格、位置　　　　B．粘贴界面处理，标定粘贴位置

  C．安装模板，浇筑混凝土　　　D．钢板封边处理

  E．养护及拆模

【答案】

一、单项选择题

1．B；　2．C；　3．D；　4．A；　5．C；　6．B；　7．D

二、多项选择题

1．A、B、C、E；　2．A、B、C；　3．A、B、C、E；　4．B、D

7.3　管网改造施工

复习要点

  管网改造施工内容：城市管道内部检测（评估）技术，城市管道状况评估，管道预处理技术，管道更新修复技术；管网改造施工技术：原有管道预处理，主要施工技术要点，质量控制要点，施工安全控制要点。

一　单项选择题

1．管道内部采用电视检测称为闭路电视检测，适用于直径（　　）mm管道检测。

  A．50～2000　　　　　　　　　B．100～1000

  C．100～1500　　　　　　　　　D．200～1500

2．管道潜望镜检测是在管道口进行快速检测，适用于（　　）的管线，可以获得较为清晰的影像资料，速度快，成本低。

  A．较长　　　　　　　　　　　B．较短

  C．大于等于5km　　　　　　　D．大于等于10km

3．管道缺陷位置纵向起算点为起始井管口，定位误差应小于（　　）m，环向位置应采用时钟表示法，用四维数字表示缺陷起止位置。

  A．0.3　　　　　　　　　　　　B．0.2

C．0.5　　　　　　　　　D．0.8

4．气动或液动爆管法一般适用于管径小于（　　）mm。

A．1500　　　　　　　　B．1200

C．1800　　　　　　　　D．2000

5．折叠内衬法分为工厂折叠内衬和现场折叠内衬，小直径管道可在工厂折叠，直径大于（　　）mm的管道宜在现场折叠。

A．450　　　　　　　　B．500

C．300　　　　　　　　D．550

6．折叠内衬法修复施工气温不宜低于（　　）℃。

A．10　　　　　　　　　B．5

C．3　　　　　　　　　D．0

7．水泥砂浆喷涂宜采用机械喷涂，管径大于（　　）mm时可采用手工涂抹。

A．500　　　　　　　　B．1000

C．300　　　　　　　　D．800

8．环氧树脂喷涂可采用（　　）工艺。

A．气体喷涂　　　　　　B．液体喷涂

C．固态喷涂法　　　　　D．水泥浆液法

二　多项选择题

1．地下管道在使用过程中会产生的缺陷，发生不同形式的破坏，主要缺陷包括（　　）等类型。

A．管道渗漏　　　　　　B．管流阻塞

C．机械磨损　　　　　　D．管道变形

E．管道强度

2．管道现场检测可采用（　　），必要时可组合采用多种方法。

A．严密性试验　　　　　B．声呐与超声检测

C．管道潜望镜检测　　　D．传统检查方法

E．电视检测（CCTV）

3．管道清洗技术是管道预处理的基本处理措施，常用的管道疏通清洗技术包括（　　）等类型。

A．冲刷清洗　　　　　　B．高压水射流清洗

C．蒸汽清洗　　　　　　D．清管器清洗

E．化学清洗

4．管道局部修复是对原有管道内的局部漏水、破损、腐蚀和坍塌等进行修复的方法，主要有（　　）。

A．密封法　　　　　　　B．铰接管法

C．局部软衬法　　　　　D．防水卷材贴补法

E．机器人法

5. 管道全断面修复按管道结构形式可分为（　　）。
   A．穿插法 B．原位固化法
   C．不锈钢内衬法 D．防水溶液涂抹法
   E．缠绕法、喷涂法
6. 管道预处理可采用（　　）等技术。
   A．机械清洗 B．喷砂清洗
   C．高压水射流清洗 D．人工清洗
   E．管内修补
7. 管网非开挖更新修复施工方法有（　　）。
   A．穿插法 B．热熔焊接法
   C．原位固化法 D．不锈钢内衬法
   E．机械制螺旋缠绕法

【答案】

一、单项选择题

1. A；　2. B；　3. C；　4. B；　5. A；　6. B；　7. B；　8. A

二、多项选择题

1. A、B、C、D；　2. B、C、D、E；　3. A、B、D、E；　4. A、B、C、E；
5. A、B、C、E；　6. A、B、C、E；　7. A、C、D、E

第 8 章 施 工 测 量

8.1 施工测量主要内容与常用仪器

复习要点

微信扫一扫
在线做题+答疑

主要内容：作用与内容，准备工作，基本规定，作业要求；常用仪器：全站仪及经纬仪，水准仪，激光准直（指向）仪，卫星定位仪器（GPS、BDS），陀螺全站仪，激光铅垂仪。

一 单项选择题

1. 在建立施工现场测量控制网时，不可用于角度测量的仪器是（　　）。
   A．全站仪　　　　　　　　B．光学水准仪
   C．经纬仪　　　　　　　　D．GPS（BDS）
2. 施工平面控制网测量时，用于水平角度测量的仪器为（　　）。
   A．水准仪　　　　　　　　B．全站仪
   C．激光准直仪　　　　　　D．激光测距仪

【答案】

一、单项选择题
1．B；　2．B

8.2 施工测量及竣工测量

复习要点

施工测量：城镇道路施工测量，城市桥梁施工测量，城市管道施工测量，城市隧道工程施工测量，城市综合管廊施工测量；竣工测量。

一 单项选择题

1. 竣工测量应以工程施工中（　　）的测量控制网点为依据进行测量。
   A．有效　　　　　　　　　B．原设计
   C．恢复　　　　　　　　　D．加密
2. 以下工作内容不属于竣工测量的是（　　）。
   A．控制测量　　　　　　　B．细部测量

C. 竣工图编绘　　　　　　　　D. 施工测量

3. 市政公用工程施工中，每一个单位（子单位）工程完成后，应进行（　　）测量。

A. 竣工　　　　　　　　　　B. 复核
C. 校核　　　　　　　　　　D. 放灰线

4. 若竣工测量成果与设计值之间相差未超过规定的定位允许偏差时，按（　　）编绘。

A. 设计值　　　　　　　　　B. 竣工测量资料
C. 两者均可　　　　　　　　D. 施工测量资料

二　多项选择题

1. 下列道路施工测量的说法中，正确的有（　　）。
   A. 道路高程测量应采用附合水准测量
   B. 道路及其附属构筑物平面位置应以道路中心线作为施工测量的控制基准
   C. 道路及其附属构筑物高程应以道路中心线部位的路面高程为基准
   D. 填方段路基应每填一层恢复一次中线、边线并进行高程测设
   E. 道路直线段范围内，各类桩间距一般为5～10m

2. 下列桥梁施工测量的说法中，正确的有（　　）。
   A. 桥梁工程的各类控制桩包括：中线桩及墩台的中心桩和定位桩等
   B. 施工前应测桥梁中线和各墩台的纵轴与横轴线定位桩，作为施工控制依据
   C. 支座（垫石）和梁（板）定位应以桥梁中线和盖梁中轴线为基准
   D. 采用跨河水准测量方法校核水准路线时，视线离水面的高度不小于3m
   E. 支座（垫石）和梁（板）的高程以其顶部高程进行控制

3. 下列城市管道施工测量的说法中，正确的有（　　）。
   A. 管道控制点高程测量应采用附合水准测量
   B. 管道高程应以管外底高程作为施工控制基准
   C. 井室等附属构筑物应以内底高程作为控制基准
   D. 管道铺设或砌筑构筑物前，应校测管道及构筑物中心及高程
   E. 圆形、扇形井平面位置放线应以井底圆心为基准放线

4. 下列隧道施工测量的说法中，正确的有（　　）。
   A. 基坑开挖过程中，为了防止超挖，应及时测量开挖深度
   B. 竖井联系测量的平面控制可采用悬挂钢尺或钢丝导入的水准测量方法
   C. 盾构施工遇到曲线段，要进行洞内控制点加密，增加测量频次和测点设置
   D. 贯通测量应配合贯通施工，及时分配调整贯通误差，以免误差集中在贯通面上
   E. 盾构机拼装后应进行初始姿态测量，掘进过程中应进行实时姿态测量

5. 下列综合管廊施工测量的说法中，正确的有（　　）。
   A. 管廊内坐标、方位角及高程可利用管廊两端的地面控制点按支导线和水准

测量的方式分别进行传递
B．综合管廊主体测量在施工前进行
C．一般中线点位置及高程测量的间隔不宜大于 30m
D．入廊管线测量可通过测量管线与综合管廊内壁的相对位置关系进行，并应调查入廊管线尺寸、电缆条数以及走向等
E．综合管廊两侧回填前，应测设结构外壁角点的坐标和高程

【答案】

一、单项选择题
1. A；　2. D；　3. A；　4. A
二、多项选择题
1. A、B、C、D；　2. A、B、C、E；　3. A、C、D、E；　4. A、C、D、E；
5. A、C、D、E

第 9 章 施 工 监 测

9.1 施工监测主要内容、常用仪器与方法

微信扫一扫
在线做题+答疑

复习要点

主要内容：目的和意义，主要内容；常用仪器与方法。

一 单项选择题

1. 在建（构）筑物施工过程中，为保证工程自身风险、周边环境风险源以及邻近施工安全需要进行（　　）。
   A．施工监测　　　　　　　B．施工测量
   C．超前探测　　　　　　　D．安全评估

2. 下列不属于变形监测内容的是（　　）。
   A．轴力监测　　　　　　　B．竖向位移监测
   C．水平位移监测　　　　　D．倾斜监测

3. 施工监测按照监测单位的不同可分为施工单位自己进行的监测和（　　）委托的具备相应资质的第三方单位进行的监测。
   A．建设单位　　　　　　　B．监理单位
   C．设计单位　　　　　　　D．施工单位

二 多项选择题

1. 施工监测的工作主要包括以下内容（　　）。
   A．收集、分析相关资料，现场踏勘
   B．编制监测方案
   C．埋设与保护监测基准点和监测点
   D．监测单位自行校验仪器设备，标定元器件
   E．外业采集监测数据和现场巡视

2. 监测方案应包括以下内容（　　）。
   A．工程概况　　　　　　　B．监测目的和依据
   C．监测范围和工程监测等级　D．监测对象及项目
   E．监测时长

【答案】

一、单项选择题
1. A； 2. A； 3. A

二、多项选择题
1. A、B、C、E； 2. A、B、C、D

9.2 监测技术与监测报告

复习要点

监测技术：基坑施工监测，环境监测，道路工程施工监测，桥梁工程施工监测，管道工程施工监测，城市隧道工程浅埋暗挖法施工监测，巡视检查；监测报告：监测报告编制，监测信息反馈。

一 单项选择题

1. 支撑轴力为应测项目的基坑工程监测等级为（ ）。
   A. 所有等级   B. 一级
   C. 二级   D. 三级

2. 周围建筑物、地下管线沉降采用（ ）监测。
   A. 经纬仪   B. 测斜仪
   C. 水准仪   D. 沉降仪

3. 基坑工程监测等级为三级的应测项目是下列选项中的（ ）。
   A. 支护桩体水平位移   B. 立柱结构竖向位移
   C. 坑底隆起   D. 地下水位

4. 属于明挖基坑施工特有的监测应测项目是（ ）。
   A. 地表沉降   B. 地下管线沉降
   C. 支撑轴力   D. 地下水位

5. 监测日报、警情快报、阶段性报告和总结报告中均有的是（ ）。
   A. 断面曲线图   B. 等值线图
   C. 监测点平面位置图   D. 时程曲线

二 多项选择题

1. 下列基坑工程监控量测项目中，属于一级基坑应测的项目有（ ）。
   A. 孔隙水压力   B. 支撑轴力
   C. 坡顶水平位移   D. 土钉拉力
   E. 地下水位

2. 桥梁裂缝宽度应根据裂缝的（　　）参数进行监测。
   A．分布位置　　　　　　　　B．走向
   C．长度　　　　　　　　　　D．错台
   E．面积

3. 桥梁采用模架法施工时，应重点监测模板（　　），保证其误差控制在容许范围之内。
   A．平面尺寸　　　　　　　　B．高程
   C．长度　　　　　　　　　　D．预拱度
   E．面积

4. 桥梁采用悬臂浇筑法时，应重点监测挂篮前端的（　　）。
   A．垂直变形　　　　　　　　B．高程
   C．预拱度　　　　　　　　　D．已浇段实际标高
   E．长度

5. 工程监测预警等级及划分标准要与工程建设所在城市的（　　）相适应。
   A．工程特点　　　　　　　　B．施工经验
   C．管理水平　　　　　　　　D．经济水平
   E．应急能力

6. 基坑工程监测范围根据基坑设计深度、（　　）等综合确定。
   A．地质条件　　　　　　　　B．周边环境情况
   C．天气状况　　　　　　　　D．支护结构材料
   E．施工工法

【答案】

一、单项选择题
1. A；　2. C；　3. D；　4. C；　5. C
二、多项选择题
1. B、C、E；　　2. A、B、C、D；　　3. A、B、D；　　4. A、C、D；
5. A、B、C、E；　　6. A、B、E

第2篇　市政公用工程相关法规与标准

第10章　相　关　法　规

10.1　城市道路管理的有关规定

微信扫一扫
在线做题+答疑

复习要点

建设原则，相关城市道路管理的规定。

一　单项选择题

1. 依附于城市道路的各种管线、杆线等设施的建设，应坚持（　　）。
   A．"先地下、后地上"的施工原则，与城市道路同步建设
   B．"先地下、后地上"的施工原则，与城市道路异步建设
   C．"先地上、后地下"的施工原则，与城市道路同步建设
   D．"先地上、后地下"的施工原则，与城市道路异步建设

2. 任何单位，必须经公安交通管理部门和（　　）的批准，才能按规定占用和挖掘城市道路。
   A．当地建设管理部门　　　　　B．市政工程行政主管部门
   C．市政工程养护部门　　　　　D．当地建设行政主管部门

二　多项选择题

1. 依附于城市道路的各种管线、杆线等设施的建设计划，应与（　　）相协调。
   A．城市道路发展规划　　　　　B．年度建设计划
   C．城市道路年度建设计划　　　D．城市发展规划
   E．杆线、管线发展规划

2. 经批准临时占用城市道路的单位，应该（　　）。
   A．不损坏所用道路　　　　　　B．交纳占路费
   C．用后恢复道路原状　　　　　D．尽量缩短占用期
   E．修复或赔偿所损坏的道路

3. 关于经批准挖掘城市道路的说法，正确的有（　　）。
   A．应在施工现场设置明显标志
   B．设置安全防护围挡设施

C. 按照批准位置、面积、期限占用
D. 占用延长时间无须办理变更审批手续
E. 竣工清理现场后即可恢复交通

【答案】

一、单项选择题
1. A； 2. B

二、多项选择题
1. A、C；   2. A、C、E；   3. A、B、C

10.2 城镇排水和污水处理管理的有关规定

复习要点

建设原则，相关城镇排水和污水处理管理的规定。

一 多项选择题

1. 关于城镇排水与污水的处理，下列说法正确的有（   ）。
   A. 建设工程开工前，施工单位应当查明工程建设范围内地下城镇排水与污水处理设施的相关情况
   B. 因工程建设需要拆除、改动城镇排水与污水处理设施的，施工单位应当制定拆除、改动方案，并承担重建、改建和采取临时措施的费用
   C. 各类施工作业需要排水的，由建设单位申请领取排水许可证
   D. 排水许可证的有效期，由城镇排水主管部门根据排水状况确定，但不得超过施工期限
   E. 城镇排水主管部门实施排水许可，应根据排水类别、总量、时限等确定相应的费用

2. 设置于机动车道上的排水管网窨井，井盖应具备（   ）功能。
   A. 防滑   B. 防锈
   C. 防坠落   D. 防沉降
   E. 防盗窃

3. 在排水和污水处理设施保护范围内，从事（   ）活动的需要与设施维护运营单位制定设施保护方案。
   A. 打桩   B. 顶进
   C. 取土   D. 存土
   E. 挖掘

【参考答案】

一、多项选择题
1. C、D;   2. C、E;   3. A、B、C、E

10.3 城镇燃气管理的有关规定

复习要点

建设原则,相关城镇燃气管理的规定。

一 单项选择题

1.《城镇燃气管理条例》(由中华人民共和国国务院令第583号发布,经中华人民共和国国务院令第666号修改)规定:燃气经营者应当按照国家有关(　　)的规定,设置燃气设施防腐、绝缘、防雷、降压、隔离等保护装置和安全警示标志,定期进行巡查、检测、维修和维护,确保燃气设施的安全运行。

　　A. 城镇燃气管理条例
　　B. 城镇燃气设计规范
　　C. 城镇燃气设施运行、维护和抢修安全技术规程
　　D. 工程建设标准和安全生产管理

二 多项选择题

1. 在燃气设施保护范围内,禁止从事的活动有(　　)。
　　A. 建设占压地下燃气管线的建筑物、构筑物或者其他设施
　　B. 进行爆破、取土等作业或者动用明火
　　C. 从事敷设管道、打桩、顶进、挖掘、钻探等活动
　　D. 倾倒、排放腐蚀性物质
　　E. 放置易燃易爆危险物品或者种植深根植物

【答案】

一、单项选择题
1. D
二、多项选择题
1. A、B、D、E

第 11 章 相 关 标 准

11.1 相关强制性标准的规定

复习要点

城市道路交通工程、城市给水工程、城乡排水工程、燃气工程、供热工程、特殊设施工程、生活垃圾处理处置工程等相关专业强制性规定；施工质量控制相关强制性规定。

一 单项选择题

1. 给水管道竣工验收前应进行（ ）试验。
   A．闭水 B．水压
   C．闭气 D．严密性

2. 排水工程的贮水构筑物施工完毕应进行（ ），试验合格后方可投入运行。
   A．闭水试验 B．水压试验
   C．满水试验 D．预试验

3. 供热管沟内不得出现（ ）管道穿过的情况。
   A．燃气 B．给水
   C．排水 D．中水

4. 下列防水混凝土施工做法中，不符合规定的是（ ）。
   A．运输与浇筑过程中严禁加水
   B．应及时进行保湿养护，养护期不应少于 7d
   C．后浇带部位的混凝土施工前，交界面应做糙面处理，并应清除积水和杂物
   D．运输、输送、浇筑过程中散落的混凝土严禁用于结构浇筑

5. 下列砌体结构的说法中，错误的是（ ）。
   A．砌体结构不应采用非蒸压硅酸盐砖、非蒸压硅酸盐砌块及非蒸压加气混凝土制品
   B．砌体结构中的钢筋应采用热轧钢筋或余热处理钢筋
   C．砌体结构中不可使用废弃砖瓦、混凝土块、渣土等废弃物为主要材料制作的块体
   D．砌体挡土墙泄水孔应满足泄排水要求

6. 热拌普通沥青混合料施工环境温度不应低于（ ）℃，热拌改性沥青混合料施工环境温度不应低于（ ）℃。
   A．5，10 B．10，5
   C．0，5 D．5，0

二 多项选择题

1. 管线沟槽开挖后,建设单位会同(　　)单位实地验槽,并会签验槽记录。
   A. 设计　　　　　　　　　B. 监理
   C. 勘察　　　　　　　　　D. 施工
   E. 专业分包

2. 下列桩基工程施工验收检验的说法中,正确的有(　　)。
   A. 钢桩应对桩位偏差、断面尺寸、桩长和矢高进行检验
   B. 灌注桩应对孔深、桩径、桩位偏差、桩身完整性进行检验,嵌岩桩应对桩端的岩性进行检验,灌注桩混凝土强度检验的试件应在施工现场随机留取
   C. 施工完成后的工程桩承载力可以检验也可以不检验
   D. 混凝土预制桩应对桩位偏差、桩身完整性进行检验
   E. 单柱单桩的大直径嵌岩桩,应视岩性检验孔底下3倍桩身直径或5m深度范围内有无溶洞、破碎带或软弱夹层等不良地质条件

3. 基坑开挖和回填施工,应符合下列(　　)规定。
   A. 基坑土方开挖的顺序可视现场情况稍加变动,可与设计工况稍有偏差
   B. 基坑开挖应分层进行,内支撑结构基坑开挖尚应均衡进行;基坑开挖不得损坏支护结构、降水设施和工程桩等
   C. 基坑周边施工材料、设施或车辆荷载严禁超过设计要求的地面荷载限值
   D. 基坑开挖至坑底标高时,应及时进行坑底封闭,并采取防止水浸、暴露和扰动基底原状土的措施
   E. 基坑回填应排除积水,清除虚土和建筑垃圾,填土应按设计要求选料,分层填筑压实,对称进行,且压实系数应满足设计要求

4. 城镇热力管线穿过建筑物墙体时,穿管与套管之间间隙用(　　)材料密封。
   A. 柔性　　　　　　　　　B. 刚性
   C. 防腐　　　　　　　　　D. 防水
   E. 防高温

【答案】

一、单项选择题
1. B;　　2. C;　　3. A;　　4. B;　　5. C;　　6. A
二、多项选择题
1. A、B、C、D;　　2. A、B、D、E;　　3. B、C、D、E;　　4. A、C、D

11.2 技术安全标准

复习要点

技术标准：城镇道路工程施工与质量验收的有关规定，城市桥梁工程施工与质量验收的有关规定，城市管道工程施工及验收的有关规定，城市综合管廊工程的有关规定；安全标准：通用安全规定，基坑开挖安全规定，脚手架施工安全规定，临时用电安全规定，起重吊装安全规定，消防安全规定，安全防护规定。

一、单项选择题

1. 城市综合管廊工程中现浇混凝土结构的底板和顶板，应连续浇筑不得留置（　　）。
   A．施工缝　　　　　　　　B．变形缝
   C．沉降缝　　　　　　　　D．接缝

2. 基坑工程必须遵循先设计后施工的原则，应按设计和施工方案要求，分层、分段、（　　）开挖。
   A．分块　　　　　　　　　B．分区域
   C．均衡　　　　　　　　　D．平行

3. 基坑工程施工组织设计必须按有关规定通过专家论证；对施工安全等级为（　　）的基坑工程，应进行基坑安全监测方案的专家评审。
   A．特级　　　　　　　　　B．一级
   C．二级　　　　　　　　　D．三级

4. 当基坑施工过程中发现地质情况或环境条件与原地质报告、环境调查报告不相符，或环境条件发生变化时，应（　　）。
   A．加强监测　　　　　　　B．重新组织方案论证
   C．暂停施工　　　　　　　D．进行设计变更

5. 临时用电组织设计及变更时，必须履行"编制、审核批准"程序，由（　　）组织编制，经相关部门审核及具有法人资格企业的技术负责人批准后实施。
   A．专职电工　　　　　　　B．电气工程技术人员
   C．项目技术负责人　　　　D．项目负责人

6. 施工现场的消防安全管理应由（　　）负责。实行施工总承包的，由总承包单位负责。分包单位应向总承包单位负责，并应服从总承包单位的管理，同时应承担国家法律、法规规定的消防责任和义务。
   A．建设单位　　　　　　　B．施工单位
   C．劳务分包单位　　　　　D．专业分包单位

7. 劳动防护用品的配备，应按照（　　）的原则为作业人员按作业工种配备。
   A."统一管理，分类协调"　B."有效防护，兼顾舒适"
   C."总承包负责"　　　　　D."谁用工，谁负责"

二 多项选择题

1. 施工现场应在（　　）设置安全警示标识。
   A．主要施工部位　　　　　B．作业层面
   C．危险区域　　　　　　　D．主要通道口
   E．人员集中处

2. 不得在外电架空线路正下方（　　）。
   A．设置排水设施　　　　　B．吊装
   C．搭设作业棚　　　　　　D．建造生活设施
   E．堆放构件

3. 建筑施工现场临时用电工程专用的电源中性点直接接地的 220/380V 三相四线制低压电力系统，必须（　　）。
   A．采用三级配电系统　　　B．采用 TN-S 系统
   C．采用 TN-S-C 系统　　　D．采用二级漏电保护系统
   E．采用特低电压保护系统

4. 起重吊装作业中，（　　）等特种作业人员必须持特种作业资格证书上岗。
   A．起重机操作人员　　　　B．起重信号工
   C．司索工　　　　　　　　D．起重吊装工
   E．起重机械安装拆卸工

5. 下列做法不符合施工现场用火要求的有（　　）。
   A．动火许可证的签发人收到动火申请后，应检查动火申请人具有相应资格后，再签发动火许可证
   B．动火作业前，应对作业现场的可燃物进行清理，动火作业后，应对现场进行检查
   C．每个动火作业点均应设置一个监护人
   D．室内使用油漆及其有机溶剂、乙二胺、冷底子油等易挥发产生易燃气体的物资作业时，在保持良好通风的情况下，方可进行明火作业
   E．动火作业后，应对现场进行检查，并应在确认无火灾危险后，动火操作人员再离开

6. 涉及临边与洞口作业、攀登与悬空作业操作平台、交叉作业及安全网搭设的，应在（　　）中制定高处作业安全技术措施。
   A．安全教育　　　　　　　B．安全技术交底
   C．施工组织设计　　　　　D．施工方案
   E．施工策划

【答案】

一、单项选择题
1. A；　2. C；　3. B；　4. C；　5. B；　6. B；　7. D

二、多项选择题
1. A、B、C、D；　2. B、C、D、E；　3. A、B、D；　4. A、B、C；
5. A、D；　6. C、D

第3篇 市政公用工程项目管理实务

第12章 市政公用工程企业资质与施工组织

12.1 市政公用工程企业资质

复习要点

微信扫一扫
在线做题+答疑

资质等级标准；承包工程范围：特级资质企业承包工程范围，一级资质企业承包工程范围，二级资质企业承包工程范围，专业承包资质。

一 单项选择题

1. 二级资质可承担单跨（　　）m以下的城市桥梁工程的施工。
   A. 25　　　　　　　　　　B. 35
   C. 40　　　　　　　　　　D. 45
2. 一级资质对企业净资产要求为（　　）万元以上。
   A. 1000　　　　　　　　　B. 4000
   C. 8000　　　　　　　　　D. 10000

二 多项选择题

1. 二级资质可承担以下（　　）市政公用工程的施工。
   A. 单跨45m以下的城市桥梁
   B. 各类城市生活垃圾处理工程
   C. 断面25m² 以下隧道工程和地下交通工程
   D. 10万t/d以上的污水处理工程
   E. 中压以上燃气管道
2. 在项目管理中会对企业升级申请和增项申请造成影响的行为有（　　）。
   A. 未取得施工许可证擅自施工
   B. 按照本企业资质等级承揽工程
   C. 违反国家工程建设强制性标准
   D. 恶意拖欠分包企业工程款或者劳务人员工资
   E. 未依法履行工程质量保修义务或拖延履行保修义务

【答案】

一、单项选择题

1．D； 2．D

二、多项选择题

1．A、B、C； 2．A、C、D、E

12.2 二级建造师执业范围

复习要点

执业规模；执业范围：城镇道路工程，城市桥梁工程，城市供水工程，城市排水工程，城市供热工程，城市燃气工程，城市地下交通工程，城市公共广场工程，生活垃圾处理工程，交通安全设施工程，机电设备安装工程，轻轨交通工程，园林绿化工程。

一 单项选择题

1．市政公用专业注册建造师的执业工程范围不包括（ ）。
  A．城镇道路工程 B．城市地下交通工程
  C．水电站工程 D．城市供气工程

二 多项选择题

1．城镇道路工程包括（ ）的建设、养护与维修工程。
  A．城市快速路 B．城市立交桥
  C．城市次干路 D．城市主干路
  E．城市环路

【答案】

一、单项选择题

1．C

二、多项选择题

1．A、C、D、E

12.3 施工项目管理机构

复习要点

项目管理机构组成；项目主要管理人员职责：项目经理职责，项目副经理职责，项目总工程师职责，项目安全总监职责；项目管理制度建立：项目管理制度的定义，项目管理制度的执行，项目管理制度内容。

一、单项选择题

1. 项目经理是施工企业（　　）的代理人，代表企业对工程项目全面负责。
   A．总经理　　　　　　　　B．法人
   C．董事长　　　　　　　　D．总工程师
2. 项目管理制度的建立应在项目（　　）阶段进行。
   A．启动　　　　　　　　　B．关键
   C．施工　　　　　　　　　D．前期
3. 项目总工程师负责组织编制（　　）。
   A．项目管理制度　　　　　B．安全应急救援预案
   C．施工组织设计、方案　　D．安全教育台账

二、多项选择题

1. 项目部在项目经理的领导下，作为施工项目的管理机构，全面负责本项目施工全过程的（　　）。
   A．技术管理　　　　　　　B．施工管理
   C．工程质量管理　　　　　D．安全生产
   E．企业合规管理
2. 项目经理的主要职责有（　　）。
   A．项目经理是项目质量与安全生产第一责任人，对项目的安全生产工作负全面责任
   B．组织制定切实可行的（安全）施工组织设计及专项（安全）施工方案
   C．建立项目质量、安全、进度、成本、文明施工保证体系
   D．负责现场技术人员的管理工作
   E．组织作业人员进场安全教育

【答案】

一、单项选择题

1．B；　　2．A；　　3．C

二、多项选择题
1. A、B、C、D； 2. A、B、C

12.4 施工组织设计

复习要点

施工组织设计编制与管理：施工组织设计的编制，施工组织设计主要内容，施工组织设计管理；施工方案的编制与管理：一般要求，编制施工方案的原则，施工方案主要内容，施工方案的确定，施工方案的管理，危险性较大的分部分项工程安全专项施工方案编制与论证。

一 单项选择题

1. 市政公用工程施工组织设计，是市政公用工程项目在（   ）、施工阶段必须提交的技术文件。
　　A．招标　　　　　　　　B．投标
　　C．中标　　　　　　　　D．策划
2. 施工组织设计由（   ）主持编制。
　　A．项目总工程师　　　　B．企业总工程师
　　C．项目负责人　　　　　D．技术员
3. 施工方案应由（   ）审批。
　　A．项目负责人　　　　　B．项目质检负责人
　　C．项目技术负责人　　　D．项目安全负责人
4. 专项施工方案经论证后不通过的，（   ）应当按照论证报告修改，并重新组织专家进行论证。
　　A．施工单位　　　　　　B．建设单位
　　C．监理单位　　　　　　D．设计单位

二 多项选择题

1. 市政工程施工组织设计编制依据包括（   ）。
　　A．与工程建设有关的法律、法规、规章和规范性文件
　　B．国家现行标准和技术经济指标
　　C．企业规章制度
　　D．工程设计文件
　　E．工程施工合同文件
2. 施工现场平面布置原则有（   ）。
　　A．车道占用根据施工需求随时调整

B. 占地面积小，平面布置合理
C. 充分利用既有道路、构（建）筑物、降低临时设施费用
D. 符合安全、消防、文明施工、环境保护及水土保持等相关要求
E. 符合当地主管部门、建设单位及其他部门的相关规定

3. 施工方案的主要内容有（　　）。

A. 施工方法　　　　　　　　B. 施工机具
C. 施工合同　　　　　　　　D. 现场平面布置
E. 技术组织措施

【答案】

一、单项选择题

1. B；　2. C；　3. C；　4. A

二、多项选择题

1. A、B、D、E；　2. B、C、D、E；　3. A、B、D、E

第 13 章 施工招标投标与合同管理

13.1 施工招标投标

复习要点

微信扫一扫
在线做题＋答疑

施工招标：招标投标原则，项目招标需具备的条件，招标项目的确定，招标形式的确定，工程施工招标程序；施工投标：投标条件，投标程序，电子招标投标。

一 单项选择题

1. 依法必须招标的工程施工项目，其招标投标活动依法由（　　）负责。
   A. 招标人　　　　　　　　　B. 投标人
   C. 招标办　　　　　　　　　D. 招标代理
2. 工程招标是一种公开的（　　），因此要采用公开的方式发布信息。
   A. 社会活动　　　　　　　　B. 经济活动
   C. 企业行为　　　　　　　　D. 经营活动

二 多项选择题

1. 下列属于招标文件内容的有（　　）。
   A. 投标人须知　　　　　　　B. 企业资质证书
   C. 工程量清单文件　　　　　D. 技术条款和施工图纸
   E. 投标文件格式
2. 投标文件应当包括（　　）。
   A. 投标函　　　　　　　　　B. 施工组织设计或施工方案
   C. 企业财务报表　　　　　　D. 投标报价
   E. 企业管理制度

【答案】

一、单项选择题

1. A；　2. B

二、多项选择题

1. A、C、D、E；　2. A、B、D

13.2 施工合同管理

复习要点

施工总承包合同管理：施工总承包合同示范文本，施工总承包合同文件；专业分包合同管理：专业工程分包合同的主要内容，承包人的主要责任和义务，专业工程分包人的主要责任和义务，专业承包资质的分类，专业分包合同管理要求；劳务分包合同管理：劳务分包合同的重要条款，承包人的主要义务，劳务分包人的主要义务，劳务报酬，工时及工程量的确认，劳务报酬最终支付，禁止转包或再分包；材料设备采购合同管理：材料采购合同的主要内容，设备采购合同的主要内容。

一、单项选择题

1. 施工总承包合同示范文本由（　　）、通用合同条款和专用合同条款三部分组成。
   A．合同协议书　　　　　B．合同文本
   C．技术标准　　　　　　D．工程量清单
2. 施工总承包合同的承包人是（　　），在合同中一般称为承包人。
   A．监理单位　　　　　　B．设计单位
   C．承包单位　　　　　　D．业主单位

二、多项选择题

1. 施工合同文件的组成部分除了协议书、通用条款和专用条款以外，一般还应该包括（　　）。
   A．中标通知书　　　　　　B．投标书及其附件
   C．有关的标准、规范及技术文件　D．劳动合同
   E．工程量清单

【答案】

一、单项选择题
1. A；　2. C
二、多项选择题
1. A、B、C、E

第 14 章　施工进度管理

14.1　工程进度影响因素与计划管理

复习要点

微信扫一扫
在线做题+答疑

工程进度影响因素：人的影响，机具设备、材料（构配件）的影响，技术、方法的影响，资金的影响，环境的影响，项目检测的影响；工程进度计划管理：工程进度计划管理措施，工程进度计划管理的控制措施。

一　多项选择题

1. 工程进度的影响因素有很多，其中主要因素有（　　）等。
   A．人的影响
   B．机具设备、材料（构配件）的影响
   C．技术、方法的影响
   D．资金的影响
   E．参建单位的影响

【答案】

一、多项选择题

1．A、B、C、D

14.2　施工进度计划编制与调整

复习要点

施工进度计划编制：施工进度计划编制原则，施工进度计划编制；施工进度调整：施工进度调整方法，施工进度调整的内容，施工进度调整的步骤，工程进度报告。

一　单项选择题

1. 施工进度计划是（　　）重要组成部分，对工程履约起着主导作用。
   A．工程合同
   B．项目施工组织设计
   C．施工方案
   D．中标通知书
2. 工程进度计划常用的表达形式为（　　）和网络计划图。
   A．S 曲线图
   B．柱状图
   C．横道图
   D．折线图

二 多项选择题

1. 施工进度计划的编制依据有（　　）。
   A．合同工期
   B．设计图纸、材料定额、机械台班定额、工期定额、劳动定额等
   C．工程项目所在地的水文、地质及其他自然情况
   D．影响施工的经济条件和技术条件
   E．项目驻地的选址

2. 施工进度计划在实施过程中进行的必要调整，必须依据施工进度计划检查审核结果进行。调整的内容应包括（　　）。
   A．施工内容　　　　　　　　B．工程量
   C．起止时间　　　　　　　　D．合同文本
   E．持续时间

【答案】

一、单项选择题
1．B；　　2．C
二、多项选择题
1．A、B、C、D；　　2．A、B、C、E

第 15 章　施工质量管理

15.1　质量策划

复习要点

质量目标确定；质量策划及实施：质量策划基本要求，质量策划内容，质量策划实施。

一　单项选择题

1. 项目质量策划应由项目（　　）主持编制。
   A．质量负责人　　　　　　B．技术负责人
   C．负责人　　　　　　　　D．生产负责人
2. 质量策划应体现从资源投入到工程质量最终检验试验的（　　）控制。
   A．全过程　　　　　　　　B．质量目标
   C．措施　　　　　　　　　D．材料

二　多项选择题

1. 质量策划内容包括：确定质量目标、确定质量管理体系与组织机构以及（　　）。
   A．质量控制点　　　　　　B．质量控制措施
   C．施工方法　　　　　　　D．质量控制流程
   E．质量风险及特殊过程的识别
2. 下列选项中，属于项目质量控制点的有（　　）。
   A．影响施工质量的关键部位、关键环节
   B．影响结构安全和使用功能的关键部位、关键环节
   C．采用新技术、新工艺、新材料、新设备的部位和环节
   D．隐蔽工程验收环节
   E．成品保护环节
3. 下列关于总承包和分包工程质量说法，正确的有（　　）。
   A．总承包单位就工程施工质量向发包单位负责
   B．分包工程的质量由分包单位向总承包单位负责
   C．分包单位应接受总承包单位的质量管理
   D．分包工程的质量由分包单位向发包单位负责
   E．总承包单位就分包单位的工程质量向发包单位承担连带责任
4. 质量策划实施的目的是确保施工质量满足工程（　　）的要求。
   A．施工技术标准　　　　　B．监理

C．施工合同 D．质量
E．建设

【答案】

一、单项选择题
1．C； 2．A
二、多项选择题
1．A、B、D、E； 2．A、B、C、D； 3．A、B、C、E； 4．A、C

15.2 施工质量控制

复习要点

施工准备质量控制：组织准备，技术准备，物资准备，现场准备；施工过程质量控制；施工质量检查验收：基本要求，验收程序，验收合格依据，质量验收不合格的处理，项目质量改进。

一 单项选择题

1．项目部应建立以（　　）为第一责任人的质量管理体系，明确各级岗位职责。
　　A．项目总工 B．单位技术负责人
　　C．项目经理 D．单位法人

2．施工前对施工平面控制网和高程控制点进行复测，其复测成果应经（　　）查验合格，并应对控制网进行定期校核。
　　A．监理单位 B．技术负责人
　　C．项目负责人 D．勘察单位

3．单位工程、分部工程、分项工程和检验批的划分方案是组织工程质量验收、整理施工技术资料的重要依据，划分方案应由（　　）审核通过。
　　A．项目负责人 B．监理单位
　　C．建设单位 D．技术负责人

4．检验批应由（　　）组织项目专业质量（技术）人员等进行验收。
　　A．项目负责人 B．专业监理工程师
　　C．总监理工程师 D．项目技术负责人

二 多项选择题

1．施工质量控制影响因素主要包括与施工质量有关的人员和（　　）。
　　A．建筑材料 B．施工规范

    C．构配件和设备　　　　　　D．环境因素

    E．施工机具

2. 下列选项中，属于施工准备阶段质量管理内容的有（　　）。

    A．做好设计、勘测的交桩和交线工作，建立施工控制网并测量放样

    B．确认检验批、分项、分部和单位工程的质量检验与验收程序、内容及标准

    C．施工管理人员和现场作业人员应进行全员岗前、岗中质量培训，保留培训记录

    D．按质量策划中关于工程分包和物资采购的规定，经招标程序选择并评价分包人和供应商，保存评价记录

    E．按照工程设计图纸和施工技术标准施工，不得擅自修改工程设计

3. 下列关于工程质量检测的说法，错误的有（　　）。

    A．建设单位委托具备相应资质的第三方检测机构进行见证检验

    B．施工单位委托具备相应资质的检测机构进行工程质量检测

    C．建设单位委托具备相应资质的第三方检测机构进行工程质量检测

    D．检测项目和数量应符合抽样检验要求

    E．将施工单位委托检测机构出具的检测报告作为工程质量验收依据

4. 参加主体结构、节能分部工程的验收人员有（　　）。

    A．建设单位项目负责人

    B．勘察单位项目负责人

    C．设计单位项目负责人

    D．施工单位质量部门负责人、技术负责人

    E．监理单位总监理工程师

5. 下列项目属于分部工程质量验收合格的依据有（　　）。

    A．所含分项工程的质量验收合格

    B．质量控制资料完整、真实

    C．有关安全、节能、环境保护和主要使用功能的抽样检验结果符合要求

    D．外观质量验收符合要求

    E．经专业监理工程师组织验收合格

【答案】

一、单项选择题

1. C；　2. A；　3. B；　4. B

二、多项选择题

1. A、C、D、E；　2. A、B、C、D；　3. A、B、E；　4. C、D、E；

5. A、B、C、D

15.3 竣工验收管理

复习要点

竣工验收要求：竣工验收基本要求，竣工验收和工程竣工备案程序；工程档案管理：工程资料管理，施工资料管理，城市建设工程档案管理要求。

一 单项选择题

1. 工程竣工验收由（ ）负责组织实施。
   A．施工单位　　　　　　　B．建设单位
   C．监理单位　　　　　　　D．监督单位
2. 建设单位必须在竣工验收（ ）个工作日前将验收的时间、地点及验收组名单书面通知负责监督该工程的监督管理部门。
   A．15　　　　　　　　　　B．1
   C．7　　　　　　　　　　 D．30
3. 建设单位应当自建设工程竣工验收合格之日起（ ），向工程所在地的县级以上人民政府建设主管部门（备案机关）备案。
   A．15d内　　　　　　　　 B．3个月内
   C．7d内　　　　　　　　　D．30d内
4. 分包工程档案资料应由分包单位进行工程文件整理、立卷，及时移交（ ）。
   A．总承包单位　　　　　　B．建设单位
   C．监理单位　　　　　　　D．档案管理单位

二 多项选择题

1. 下列选项中，属于竣工验收基本要求的有（ ）。
   A．施工单位完成工程设计和合同约定的各项内容，提出工程竣工验收报告，经项目经理和施工单位有关负责人审核签字
   B．监理单位进行质量评估，提出工程质量评估报告，经总监理工程师和监理单位有关负责人审核签字
   C．勘察、设计单位提出质量检查报告，经勘察、设计负责人和勘察、设计单位有关负责人审核签字
   D．有完整的技术档案和施工管理资料
   E．施工单位签署的工程质量保修书
2. 关于档案移交，下列说法正确的有（ ）。
   A．工程竣工验收后3个月内，建设单位应当向城建档案馆报送1套符合规定的建设工程档案
   B．停建、缓建建设工程档案可暂由施工单位保管

C. 撤销单位的建设工程档案，应当向上级主管机关或者城建档案馆移交
D. 对改建、扩建和重要部位维修的工程，建设单位应当组织设计、施工单位据实修改、补充和完善原建设工程档案
E. 凡建设工程档案不齐全的，城建档案馆应拒绝接收

【答案】

一、单项选择题
1. B；　2. C；　3. A；　4. A
二、多项选择题
1. B、C、D、E；　2. A、C、D

第 16 章 施工成本管理

16.1 工程造价管理

复习要点

微信扫一扫
在线做题+答疑

工程造价管理的范围；投资估算、设计概算、施工图预算的应用；建设项目投资估算的概念及其编制内容，建设项目设计概算的概念及其编制内容，建设项目施工图预算的概念及其编制内容。

一 单项选择题

1. 设计概算批准后，一般不得调整。发生以下（　　）情况，可以调整。
   A．超出原设计范围的小变更
   B．超出基本预备费规定范围不可抗拒的重大自然灾害引起的工程变动和费用增加
   C．燃油价格上涨
   D．发布新版行业定额
2. 我国目前推行的建设工程工程量清单计价其实就是（　　）。
   A．全费用综合单价　　　　　B．部分费用综合单价
   C．预算单价　　　　　　　　D．实务法

二 多项选择题

1. 设备及安装工程概算费用由（　　）组成。
   A．单项工程概算费　　　　　B．设备购置费
   C．单位工程概算费　　　　　D．安装工程费
   E．预备费
2. 关于施工图预算对施工单位的作用的说法，正确的有（　　）。
   A．是拨付进度款及办理结算的依据
   B．是计算招标控制价的重要参考依据
   C．是建筑施工单位投标报价的基础
   D．是进行成本控制的依据
   E．是施工企业进行施工准备、组织材料供应的依据

【参考答案】

一、单项选择题
1. B；　　2. B
二、多项选择题
1. B、D；　　　　2. C、D

16.2 施工成本管理

复习要点

施工成本管理的不同阶段：施工前期的成本管理，施工期间的成本管理，竣工验收、结算和保修阶段的成本管理；施工成本管理的组织和分工；施工项目目标成本的确定：目标成本的概念，目标成本的确定，施工项目成本计划的类型；施工成本控制：施工成本控制主要依据，施工成本控制理论方法，施工成本控制重点；施工成本核算：项目施工成本核算的对象，项目施工成本核算的内容，项目施工成本核算的方法；施工成本分析：施工成本分析的任务，成本分析的方法。

一、单项选择题

1. 施工成本管理，是从（　　）到竣工结算完成整个阶段的管理过程。
   A．工程投标报价　　　　B．签订合同
   C．人员进场　　　　　　D．正式开工

2. 以下选项中，不符合施工成本管理组织机构设置要求的是（　　）。
   A．分层统一　　　　　　B．业务系统化
   C．适应变化　　　　　　D．因人设岗

3. 企业和施工项目部选用施工成本管理方法应遵循的原则之一是（　　）。
   A．实用性原则　　　　　B．分层统一原则
   C．适应变化原则　　　　D．业务系统化原则

4. 项目管理的最终目标是低成本、高质量、短工期，而（　　）是这三大目标的核心和基础。
   A．高质量　　　　　　　B．短工期
   C．低成本　　　　　　　D．高标准

5. 支持项目绩效管理，最核心的目的是比较项目实际与计划的差异，关注实际中的各个项目任务在内容、时间、质量、成本等方面与计划的差异情况，然后根据这些差异，可以对项目中剩余的任务进行预测和调整的方法是（　　）。
   A．制度控制　　　　　　B．价值工程
   C．指标控制　　　　　　D．挣值法

6. 租赁合同一般在结算期内不变动，关键是控制（   ）。
   A．实际用量   B．租赁单价
   C．电费   D．机上人工费

7. 轮番假定多因素中一个因素变化，逐个计算、确定其对成本的影响，该方法为（   ）。
   A．比较法   B．因素分析法
   C．比率法   D．差额计算法

8. 以下属于项目施工成本核算方法的是（   ）。
   A．会计核算   B．业务核算
   C．差额核算   D．统计核算

9. 施工成本分析中，按施工进展进行的成本分析内容，不包括（   ）。
   A．企业管理费分析   B．月（季）度成本分析
   C．年度成本分析   D．竣工成本分析

10. 施工成本分析中，针对特定问题和与成本有关事项的分析内容，不包括（   ）。
    A．工期成本分析   B．人工费分析
    C．资金成本分析   D．施工索赔分析

二　多项选择题

1. 关于施工成本管理的不同阶段，正确的有（   ）。
   A．施工前期成本管理   B．施工期间成本管理
   C．竣工验收阶段成本管理 D．结算
   E．保修阶段

2. 关于施工成本管理组织机构设置的要求，正确的有（   ）。
   A．适应变化   B．高效精干
   C．开拓创新   D．分层统一
   E．业务系统化

3. 关于选用施工成本管理方法应遵循的原则，正确的有（   ）。
   A．实用性原则   B．开拓性原则
   C．灵活性原则   D．统一性原则
   E．坚定性原则

4. 关于确定目标成本，以（   ）为依据，据以确定成本目标。
   A．施工图
   B．项目施工组织设计及技术方案
   C．设计概算
   D．计划的物资、材料、人工、机械等消耗量
   E．实际价格

5. 施工项目成本计划按其形成作用可分为（   ）。
   A．竞争性成本计划   B．指导性成本计划

C．早期成本计划　　　　　　　D．实施性成本计划

E．过程成本计划

6. 施工成本控制主要依据包括（　　）。

   A．工程承包合同　　　　　　B．施工成本计划

   C．进度报告　　　　　　　　D．工程结算文件

   E．工程变更

7. 材料消耗量的控制措施包括（　　）。

   A．到场材料检测　　　　　　B．减少材料运输和储存过程中的损耗

   C．控制工序施工质量一次合格　D．实行限额领料制度

   E．余料回收

8. 关于项目施工成本核算对象划分的说法，正确的有（　　）。

   A．一个单位工程由几个施工单位共同施工，各自核算该单位工程中自行完成的部分

   B．可将规模大、工期长的单位工程划分为若干部位，但仍应以单位工程作为核算对象

   C．同一"建设项目合同"内的多项单位工程或主体工程和附属工程可列为同一成本核算对象

   D．改建、扩建的零星工程，可以将开竣工时间相近，属于同一建设项目的各个单位工程合并，但仍应以各个单位工程作为成本核算对象

   E．土石方工程可以根据实际情况和管理需要，以一个单位工程为成本核算对象

9. 工程项目耗用的材料，应根据（　　）等计入工程项目成本。

   A．限额领料单　　　　　　　B．大堆材料耗用计算单

   C．保修单　　　　　　　　　D．报损报耗单

   E．退料单

10. 关于施工成本分析任务的说法，正确的有（　　）。

    A．找出产生差异的原因

    B．提出进一步降低成本的措施和方案

    C．对尚未或正在发生的经济活动进行核算

    D．对成本计划的执行情况进行正确评价

    E．正确计算成本计划的执行结果，计算产生的差异

11. 下列选项中，属于按成本项目进行成本分析的内容有（　　）。

    A．施工索赔分析　　　　　　B．成本盈亏异常分析

    C．人工费分析　　　　　　　D．分部分项工程分析

    E．材料费分析

【答案】

一、单项选择题

1．A；　2．D；　3．A；　4．C；　5．D；　6．A；　7．B；　8．A；

9. A； 10. B

二、多项选择题

1. A、B、C； 2. A、B、D、E； 3. A、B、C、E； 4. A、B、D、E；
5. A、B、D； 6. A、B、C、E； 7. B、C、D、E； 8. A、C、E；
9. A、B、D、E； 10. A、B、D、E； 11. C、E

16.3 工程结算管理

复习要点

工程结算；工程计量：工程计量的概念，工程计量的方法；工程预付款结算：百分比法，公式计算法；工程进度款结算；工程竣工结算：工程竣工结算的编制依据，工程竣工结算的计价原则。

一、单项选择题

1. 招标工程量清单中所列的数量通常是根据设计图纸计算的数量，是对合同工程的（ ）工程量。
    A. 实际   B. 估计
    C. 结算   D. 确定

2. 因承包人原因造成的超出合同工程范围施工或返工的工程量，发包人（ ）计量。
    A. 可以   B. 拖后
    C. 不予   D. 最后

3. 已标价工程量清单中的（ ）项目，承包人应按合同中约定的进度款支付分解，分别列入进度款支付申请中的安全文明施工费和本周期应支付的总价项目的金额中。
    A. 总价   B. 单价
    C. 结算   D. 综合单价

4. 已标价工程量清单中的单价项目，承包人应按工程计量确认的工程量与综合单价计算；综合单价发生调整的，以发、承包双方确认调整的（ ）计算进度款。
    A. 总价   B. 单价
    C. 结算   D. 综合单价

二、多项选择题

1. 工程竣工结算编制的主要依据有（ ）。
    A. 清单计价规范
    B. 过程中已确认的工程量及其结算的合同价款

C. 未最终批复的索赔文件

D. 已确认调整后追加（减）的合同价款

E. 工程合同

【答案】

一、单项选择题

1. B；　2. C；　3. A；　4. D

二、多项选择题

1. A、B、D、E

第 17 章　施工安全管理

17.1　常见施工安全事故及预防

复习要点

微信扫一扫
在线做题+答疑

常见施工安全事故类型；常见施工安全事故预防措施：常见事故预防通用措施，高处坠落事故预防措施，触电事故预防措施，物体打击事故预防措施，起重伤害事故预防措施，机械伤害事故预防措施，坍塌事故预防措施，中毒和窒息事故预防措施，火灾事故预防措施。

一　单项选择题

1. 凡在坠落高度基准面（　　）有可能坠落的高处进行的作业，均称为高处作业。
   A. 1.8m 以上（含 1.8m）　　　　B. 2m 以上（含 2m）
   C. 2.5m 以上（含 2.5m）　　　　D. 3m 以上（含 3m）

2. 临边作业是指在工作面边沿无围护或围护设施高度低于（　　）mm 的高处作业。
   A. 500　　　　　　　　　　　　B. 800
   C. 1200　　　　　　　　　　　 D. 1500

3. 根据《企业职工伤亡事故分类标准》，下列选项中不属于坍塌事故的是（　　）。
   A. 隧道违规开挖、超挖导致坍塌　　B. 脚手架架体超载导致倒塌
   C. 物料堆放高超失稳导致倒塌　　　D. 塔式起重机超载起吊导致倒塌

4. 施工前应进行现场调查，依据风险评估报告在（　　）中编制预防潜在事故的安全技术措施。
   A. 施工组织设计　　　　　　　　B. 专项施工方案
   C. 安全策划　　　　　　　　　　D. 安全技术交底

5. 特种设备进场应有许可文件和产品合格证，（　　）应建立特种设备安全技术档案。
   A. 建设单位　　　　　　　　　　B. 施工单位
   C. 使用单位　　　　　　　　　　D. 租赁单位

6. 非竖向洞口短边边长或直径大于或等于（　　）mm 时，应在洞口作业侧设置高度不小于 1.2m 的防护栏杆，洞口应采用安全平网封闭。
   A. 500　　　　　　　　　　　　B. 1000
   C. 1200　　　　　　　　　　　 D. 1500

7. 施工现场临时用电设备和线路的巡检，应由（　　）完成。
   A. 专职安全员　　　　　　　　　B. 电气工程技术人员
   C. 施工管理人员　　　　　　　　D. 电工

8. (　　)时,下层作业位置应处于上层作业的坠落半径之外,在坠落半径内时,必须设置安全防护棚。

　　A. 交叉作业　　　　　　　　B. 高处作业
　　C. 攀登作业　　　　　　　　D. 悬空作业

9. 在风力超过(　　)或大雨、大雪、大雾等恶劣天气时,严禁进行起重机械的安装拆卸。

　　A. 4级(含4级)　　　　　　B. 5级(含5级)
　　C. 6级(含6级)　　　　　　D. 7级(含7级)

10. 各类施工机械距基坑边缘、边坡坡顶、桩孔边的距离,应根据设备重量、支护结构、土质情况按设计要求进行确定,并不宜小于(　　)m。

　　A. 1　　　　　　　　　　　B. 1.5
　　C. 2　　　　　　　　　　　D. 2.5

11. 同一隧道内相对开挖(非爆破方法)的两开挖面距离为(　　)时,一端应停止掘进,并保持开挖面稳定。

　　A. 2倍洞径且不小于8m　　　B. 2倍洞径且不小于10m
　　C. 3倍洞径且不小于6m　　　D. 3倍洞径且不小于15m

12. 有限空间作业前,必须严格执行(　　)的原则。

　　A. "先通风,后作业"
　　B. "先通风,再检测,后作业"
　　C. "先检测,再通风,后作业"
　　D. "先通风,再检测,复评估,后作业"

13. 有限空间内氧气含量低于(　　)时不可进入作业。

　　A. 19.5%　　　　　　　　　B. 20%
　　C. 20.5%　　　　　　　　　D. 23.5%

二、多项选择题

1. 下列选项中,关于有限空间特点的说法正确的有(　　)。

　　A. 封闭或部分封闭、进出口受限、人员无法进入
　　B. 只存在于地下
　　C. 未被设计为固定工作场所
　　D. 无法进行机械通风
　　E. 易造成有毒有害、易燃易爆物质积聚或氧含量不足

2. 下列选项中,属于有限空间作业的有(　　)。

　　A. 隧道施工　　　　　　　　B. 人工挖孔桩施工
　　C. 桥梁箱室拆模作业　　　　D. 井室设备安装
　　E. 基坑内拆模作业

3. 下列选项中属于安全技术交底内容的有(　　)。

　　A. 操作工艺和质量、进度要求　　B. 安全技术要求

  C．风险状况   D．控制措施

  E．应急处置措施

4．下列关于施工机械安全的说法中正确的有（　　）。

  A．机械设备上的各种安全防护和保险装置应齐全有效

  B．机械使用可以在保证安全的前提下适当扩大使用范围

  C．大型机械设备的地基基础承载力应满足安全使用要求

  D．机械保养检修前，应悬挂"禁止合闸、有人工作"的警示牌

  E．多台机械在同一区域作业时，前后、左右应保持安全距离

5．隧道施工前应根据（　　）等因素，确定开挖方法与程序、支护方法与程序。

  A．工程地质   B．覆盖层厚度

  C．结构断面   D．施工工艺

  E．地面环境

6．下列选项中，属于在自稳能力较差围岩施工中防坍塌、防位移超限的原则有（　　）。

  A．管超前   B．严注浆

  C．快开挖   D．强支护

  E．勤量测

7．有限空间作业前气体检测内容至少应当包括（　　）。

  A．氧气   B．可燃气

  C．硫化氢   D．甲醛

  E．一氧化碳

【答案】

一、单项选择题

1．B； 2．B； 3．D； 4．A； 5．C； 6．D； 7．D； 8．A；
9．B； 10．B； 11．B； 12．B； 13．A

二、多项选择题

1．C、E； 2．A、B、C、D； 3．B、C、D、E； 4．A、C、D、E；
5．A、B、C、E； 6．A、B、D、E； 7．A、B、C、E

17.2　施工安全管理要点

复习要点

  基坑开挖安全管理要点，脚手架施工管理要点，临时用电安全管理要点，起重吊装安全管理要点，机械施工安全管理要点，消防安全管理要点，安全防护管理要点，包含：一般要求，安全管理要点，应急措施。

一、单项选择题

1. 在电力管线、通信管线、燃气管线（　　）m 范围内挖土时，应有专人监护。
   A. 1 B. 1.5
   C. 2 D. 2.5

2. 放坡开挖基坑时，需要根据土的分类、力学指标和开挖深度确定沟槽的（　　）。
   A. 开挖方法 B. 土方堆放位置
   C. 边坡坡度 D. 开挖机具

3. 下列关于应对基坑坍塌、淹埋事故的说法，正确的是（　　）。
   A. 及早发现坍塌、淹埋事故的征兆，及早组织抢救仪器、设备
   B. 及早发现坍塌、淹埋事故的征兆，及早组织抢险
   C. 及早发现坍塌、淹埋事故的征兆，及早进行应急演练
   D. 及早发现坍塌、淹埋事故的征兆，及早组织施工人员撤离现场

4. 脚手架在使用过程中出现部分结构失去平衡、地基部分失去继续承载的能力等情况时，应（　　）。
   A. 及时排除隐患 B. 及时组织抢险
   C. 立即撤离作业人员 D. 重新进行方案设计

5. 承插型盘扣式钢管作业脚手架高宽比大于（　　）时，应设置抛撑或缆风绳等抗倾覆措施。
   A. 2 B. 3
   C. 4 D. 5

6. 遇有风力超过（　　）、大雨及以上降水等情况时，应对脚手架进行检查并应形成记录，确认安全后方可继续使用。
   A. 4级（含4级） B. 5级（含5级）
   C. 6级（含6级） D. 7级（含7级）

7. 隧道内照明的电源电压不应大于（　　）V。
   A. 24 B. 36
   C. 48 D. 50

8. 汽车起重机应在平坦坚实的地面上作业、行走和停放。在正常作业时，坡度不得大于（　　），并应与沟渠、基坑保持安全距离。
   A. 2° B. 3°
   C. 4° D. 5°

9. 两台起重机共同起吊一货物时，其重物的重量不得超过两机起重量总和的（　　）。
   A. 65% B. 70%
   C. 75% D. 80%

10. 在风力超过（　　）或大雨、大雪、大雾等恶劣天气时，应停止露天的起重

吊装作业。

A．4级（含4级） B．5级（含5级）
C．6级（含6级） D．7级（含7级）

11．严禁在离地下管线、承压管道（　　）m 距离以内进行大型机械作业。

A．0.5 B．1
C．1.5 D．2

12．施工单位应依据灭火和应急疏散预案，（　　）应组织1次灭火和应急疏散演练。

A．每月 B．每季度
C．每半年 D．每年

13．风力超过（　　）时，应停止焊接、切割等室外动火作业。

A．4级（含4级） B．5级（含5级）
C．6级（含6级） D．7级（含7级）

14．临边作业的防护栏杆立柱间距不应大于（　　）mm。

A．1000 B．1200
C．1500 D．2000

15．使用固定式直梯攀登作业时，当攀登高度超过（　　）m 时，宜加设护笼。

A．2 B．3
C．5 D．6

16．下列关于有限空间作业危险因素的说法，正确的是（　　）。

A．高浓度硫化氢有明显臭鸡蛋味
B．一氧化碳使血红蛋白丧失携氧的能力，数秒内即可致人闪电型死亡
C．二氧化碳不具备毒性，但是会排挤氧空间，使空气中氧含量降低
D．在有限空间中不使用明火作业，就可以消除点火源，从根本上防止爆燃事故

二　多项选择题

1．基坑施工时的安全要求有（　　）。

A．基坑坡度或围护结构的确定方法应科学
B．尽量减少基坑顶边的堆载
C．基坑顶边 6m 内不得行驶载重车辆
D．做好降水措施，确保基坑开挖期间的稳定
E．严格按设计要求开挖和支撑

2．基坑开挖施工场地内有地下水时，应根据（　　）等因素，确定地下水控制方法。

A．场地及周边区域的工程地质条件　B．可选的地下水控制方法
C．水文地质条件　　　　　　　　　D．周边环境情况
E．支护结构与基础形式

3. 基坑开挖施工地下水的控制方法主要有（　　）。
   A．降水　　　　　　　　　B．注浆
   C．截水　　　　　　　　　D．冷冻
   E．回灌

4. 下列选项中，符合承插型盘扣式钢管模板支撑架安全要求的有（　　）。
   A．支撑架搭设高度大于8m时，顶层步距内应每跨布置竖向斜杆
   B．支撑架可调托撑伸出顶层水平杆或双槽托梁中心线的悬臂长度不应超过400mm
   C．支撑架可调底座丝杆插入立杆长度不得小于300mm
   D．支撑架应沿高度每间隔4～6个标准步距应设置水平剪刀撑
   E．当以独立塔架形式搭设支撑架时，应沿高度每间隔2～4个步距与相邻的独立塔架水平拉结

5. 下列选项中，符合脚手架拆除安全要求的有（　　）。
   A．脚手架拆除前，应清除作业层上的堆放物
   B．脚手架拆除应按自上而下，先拆加固件后拆架体的顺序按步逐层进行
   C．脚手架拆除过程中严禁抛掷构配件
   D．脚手架拆除作业应统一组织，如有交叉作业应设专人指挥
   E．脚手架拆除时，同层杆件和构配件应按先外后内的顺序拆除

6. 当施工现场及周边存在架空线路时，应保证施工机械、外脚手架和人员与电力线路的安全距离。当不能保证最小安全距离时，为了确保施工安全，必须采取（　　）等防护措施。
   A．设置防护性遮拦　　　　B．设置防护性栅栏
   C．限制放电能量　　　　　D．使用安全特低电压
   E．悬挂警告标志牌

7. 下列选项中，属于安全保护装置，严禁随意拆除的有（　　）。
   A．缓冲装置　　　　　　　B．力矩限制器
   C．起重量限制器　　　　　D．制动装置
   E．防脱钩装置

8. 下列选项中，符合门式起重机安全要求的有（　　）。
   A．设置夹轨器和轨道限位器
   B．安装缓冲器及端部止挡
   C．在没有障碍物的线路上运行时，吊钩或吊具以及吊物底面，必须离地面2m以上
   D．越过障碍物时运行时，吊钩或吊具以及吊物底面，须超过障碍物1m高
   E．吊大于额定起重量50%的物件，必须两个机构同时动作

9. 运输超限物件时，应当（　　），并在规定时间内按规定路线行驶。
   A．勘察路线
   B．了解空中、地面上、地下障碍以及道路、桥梁等通过能力
   C．制定运输方案
   D．办理通行手续

E．配备专业押运人员

10．下列关于消防安全管理的说法，正确的有（　　）。

A．宿舍、生活区建筑物层数为 3 层时，应设置至少 2 部疏散楼梯

B．动火动焊作业应办理用火作业审批表，电、气焊作业人员应持有特种作业操作证

C．在高处进行焊接作业时，应在焊接部位下方设置阻燃托盘

D．施工单位应编制施工现场防火技术方案，并应根据现场情况变化及时对其修改、完善

E．专用消防配电线路应自施工现场总配电箱的总断路器下端接入，且应保持不间断供电

11．下列选项中，符合安全防护安全要求的有（　　）。

A．当非竖向洞口短边边长为 500～1500mm 时，应采用盖板覆盖或防护栏杆等措施并应固定牢固

B．在坠落高度距离基准面 2m 及以上的基坑周边、支架平台边、桥梁结构旁边等作业面进行临边作业时，应在临空一侧设置防护栏杆

C．脚手架操作层上架设梯子作业时，应有专人监护或设置围栏

D．在 2m 以上高处绑扎柱钢筋、搭设与拆除柱模板、浇筑高度 2m 以上的混凝土结构构件时，应设置脚手架或操作平台

E．有限空间作业发生窒息事故时，应立即使用纯氧通风换气

12．有限空间出现异常情况时应采取的应急措施有（　　）。

A．项目负责人应在分析事发有限空间环境危害控制情况、应急救援装备配置情况以及现场救援能力等因素的基础上，判断采取何种救援方式

B．作业人员在还具有自主意识但没有配备紧急逃生呼吸器等逃生设备的情况下，应等待救援，不可盲目采取自救措施

C．作业人员配备安全带、安全绳的情况下，可实施非进入式救援

D．进入式救援是一种风险很大的救援方式，一旦救援人员防护不当，极易出现伤亡扩大

E．救援人员在经过专门的培训、演练，配备防毒面罩的情况下，方可实施进入式救援

【答案】

一、单项选择题

1．C；　2．C；　3．D；　4．C；　5．B；　6．C；　7．B；　8．B；
9．C；　10．C；　11．B；　12．C；　13．B；　14．D；　15．B；　16．C

二、多项选择题

1．A、B、D、E；　　2．A、C、D、E；　　3．A、C、E；　　　4．D、E；
5．A、C、E；　　　　6．A、B、E；　　　　7．B、C、E；　　　8．A、B、C；
9．A、B、C、D；　　10．A、B、C、D；　　11．A、B、D；　　12．A、C、D

第18章 绿色施工及现场环境管理

18.1 绿色施工管理

微信扫一扫
在线做题+答疑

复习要点

绿色施工组织与管理制度：施工组织与策划，管理制度与要求，检查与评价，施工现场资源节约与循环利用：节地与土地资源保护，节材与材料资源利用，节水与水资源利用，节能与能源利用。

一 单项选择题

1. 下列选项中，属于节地与土地资源保护措施的是（　　）。
   A．临建设施应采用可拆迁、可回收材料
   B．施工现场应建立基坑降水再利用的收集处理系统
   C．应对深基坑施工方案进行优化，并应减少土方开挖和回填量
   D．易飞扬和细颗粒建筑材料应封闭存放，余料应及时回收

二 多项选择题

1. 关于绿色施工管理的说法，正确的有（　　）。
   A．应建立绿色施工管理体系和管理制度
   B．应结合前期策划制定绿色施工目标
   C．施工单位应明确参建各方的绿色施工职责
   D．绿色施工是指在保证质量、安全的前提下，实现"四节一环保"
   E．教育培训和交底中应包含绿色施工管控要求并留存记录

2. 关于材料节约的说法，正确的有（　　）。
   A．利用粉煤灰、矿渣、外加剂及新材料，减少水泥用量
   B．临建设施充分利用既有建筑物、市政设施和周边道路
   C．钢筋连接采用焊接连接方式
   D．撒落混凝土可使用至结构边角部位
   E．采用管件合一的脚手架和支撑体系

3. 下列节约用能和能源利用的说法，正确的有（　　）。
   A．办公、生活和施工现场用电合并计量
   B．永久性设施与临时设施分开建设
   C．可使用再生建筑材料建设临时设施
   D．采用可周转装配式场界围挡和临时路面
   E．减少夜间作业、冬期施工和雨天施工时间

【答案】

一、单项选择题
1. C

二、多项选择题
1. A、B、D、E；　　2. A、B、E；　　3. C、D、E

18.2　施工现场环境管理

复习要点

施工现场环境管理要求：现场环境管理，扬尘，废气，污水，噪声，光污染，建筑垃圾控制；施工现场文明施工管理：主要内容，基本要求，控制要点。

一、单项选择题

1. 下列选项中，不属于绿色施工过程检查内容的是（　　）。
   A．建设单位在委托监理合同中明确监理单位对绿色施工进行监督的要求
   B．绿色施工管理体系和制度健全、策划文件齐全并按责任分工组织落实
   C．建立专业培训和岗位培训相结合的绿色施工培训制度并有实施记录
   D．签订的分包或劳务合同包含绿色施工相关指标要求
2. 市区主要路段和其他涉及市容景观路段的工地设置围挡的高度不低于（　　）m。
   A．1.8　　　　　　　　　　　　B．2
   C．2.5　　　　　　　　　　　　D．3

二、多项选择题

1. 属于文明施工措施的选项有（　　）。
   A．施工现场实行封闭管理
   B．建筑材料按施工现场总平面布置图堆放，布置合理
   C．宿舍内设有保暖、消暑等措施
   D．食堂炊事员持健康证上岗
   E．定期向社会公布施工进展
2. 关于扬尘控制的说法，正确的有（　　）。
   A．对裸露地面、集中堆放的土方应采取抑尘措施
   B．易飞扬和细颗粒建筑材料封闭存放，余料及时回收
   C．遇有六级及以上大风天气时，采取覆盖措施可继续施工
   D．现场采用清洁燃料
   E．现场进出口设冲洗池，保持进出现场车辆清洁

3. 下列噪声控制的说法，正确的有（   ）。

    A．材料装卸不必采取措施

    B．电锯等机械设备设置吸声降噪屏或隔声棚

    C．噪声较大的机械设备远离现场办公区、生活区和周边敏感区

    D．尽量采用低噪声施工设备

    E．施工场界声强限值昼间不大于 80dB（A），夜间不大于 60dB（A）

4. 下列施工现场文明施工管理的说法，正确的有（   ）。

    A．在有毒、有害、有刺激性气味、强光和强噪声环境下施工应佩戴防护器具

    B．在深井施工时，设置通风设施

    C．现场宿舍人均使用面积最少为 2.0m²

    D．因场地狭窄，施工现场作业区与办公、生活区可以不分开设置和隔离

    E．不用的施工机具和设备应及时出场

【答案】

一、单项选择题

1．A；   2．C

二、多项选择题

1．A、B、C、D；   2．A、B、D、E；   3．B、C、D；   4．A、B、E

第19章 实务操作和案例分析

【案例1】

背景资料：

某公司承建一项城市次干路的改扩建工程，长1.3km，设计宽度40m，上下行双幅路；现况路面铣刨后加铺表面层形成上行机动车道，新建下行机动车道面层为三层热拌沥青混合料。工程内容还包括在下行车道下面新建雨水、污水、给水、供热、燃气工程。合同要求4月1日开工，当年完工。

工程位于城市繁华老城区，现况路宽12.5m，人机混行，经常拥堵；两侧密布的企事业单位和民居多处位于道路红线内；地下老旧雨水、污水、给水、供热、燃气管线多，待改接至新建下行机动车道内。在现场调查基础上，项目部分析了工程施工特点及存在的风险，对项目施工进行了综合部署。

施工前，项目部编制了交通组织措施，经有关管理部门批准后组织实施。为保证沥青表面层的外观质量，项目部决定分幅、分段施工沥青底面层和中面层后放行交通，整幅摊铺施工表面层。施工过程中，由于拆迁进度滞后，致使表面层施工时间推迟到当年12月中旬。项目部对中面层进行了简单清理后摊铺表面层。

问题：

1. 本工程施工总体部署时应考虑哪些工程特点？
2. 简述本工程交通组织措施的整体思路。
3. 道路表面层施工做法有哪些质量隐患？针对隐患应采取哪些预防措施？

【案例2】

背景资料：

某公司中标一座跨河桥梁工程，所跨河道水深超过5m，河道底土质主要为黏土。河中钻孔灌注桩采用钢板桩围堰筑岛后施工。

项目部编制了围堰安全施工专项方案，监理审核时认为方案中以下内容描述存在问题：

问题一：顶标高不得低于施工期间最高水位。

问题二：钢板桩采用射水下沉法施工。

问题三：围堰钢板桩从下游到上游合龙。

项目部接到监理部发来的审核意见后，对方案进行了调整，在围堰施工前，项目部向当地该河道的政府水务主管部门报告，征得同意后开始围堰施工。

在项目实施过程中发生了以下情况：

情况一：由于工期紧，电网供电未能及时到位，项目部要求各施工班组自备发电机供电。某施工班组将发电机输出端直接连接到开关箱，将电焊机、水泵和打夯机接入同一个开关箱，以保证工地按时开工。

情况二：围堰施工需要起重机配合，因起重机司机发烧就医，施工员临时安排一名汽车司机代替。

问题：
1. 针对围堰安全施工专项方案中存在的问题，给出正确做法。
2. 简述围堰安全施工专项方案的审批程序。
3. 情况一中用电管理有哪些不妥之处？说明理由。
4. 情况二汽车司机能操作起重机吗？为什么？

【案例 3】

背景资料：

A 公司中标长 3km 的天然气管道工程，采用 DN300mm 钢管，设计压力 0.4MPa，采用开槽法施工。

项目部拟定的燃气管道施工流程如下：

沟槽开挖→管道安装、焊接→a→管道吹扫→回填土至管顶上方 0.5m→b 试验→c 试验→焊口防腐→敷设 d→回填土至设计标高。

在项目实施过程中，发生了如下情况：

情况一：A 公司提取中标价的 5% 作为管理费后把工程包给 B 公司，B 公司组建项目部后以 A 公司的名义组织施工。

情况二：沟槽清底时，质量检查人员发现局部有超挖，最深达 15cm，且槽底土体含水率较高。

工程施工完成并达到下列基本条件后，建设单位组织了竣工验收：① 施工单位已完成工程设计和合同约定的各项内容；② 监理单位出具工程质量评估报告；③ 勘察、设计单位出具工程质量检查报告；④ 工程质量检验合格，检验记录完整；⑤ 已按合同约定支付工程款。

问题：
1. 施工流程中 a、b、c、d 分别是什么？
2. 情况一中，A、B 公司的做法是否正确？
3. 依据《城镇燃气输配工程施工及验收标准》GB/T 51455—2023，对情况二中情况应如何补救处理？
4. 依据《房屋建筑和市政基础设施工程竣工验收规定》（建质〔2013〕171 号）补充工程竣工验收基本条件中所缺内容。

【案例 4】

背景资料：

某公司中标城市快速路更新改造工程，现况道路为沥青混凝土＋水泥稳定碎石路面结构，分为上行与下行两幅各 3 条机动车道＋1 条非机动车道，设计时速 80～100km/h，由于长期重载交通，路面破损严重，出现裂缝、剥落、沉陷等病害，现采用铣刨加铺 4cm 厚 SMA 改性沥青混合料对道路进行更新。

项目部做好技术准备、人员和物资设备进场后即进行施工，未进行病害情况调查确认，施工过程中病害处理方案变更影响了施工进度，由于道路进出口少，摊铺机、压路机等大型设备进出场造成社会交通拥堵。

问题：

1. 根据背景材料，请补充沥青路面病害的种类。

2. 项目部在施工准备中应做哪些技术准备工作？以下是沥青路面更新改造的主要施工工艺流程："A→制定更新改造方案→铣刨→基层损坏挖除→B→土工合成材料张拉、搭接和固定→C→统一罩面加铺"，请补充缺失环节名称，并描述"土工合成材料"铺设的作用。

3. 请指出造成交通拥堵的原因，并简述交通导改方案编制的要点。

【案例 5】

背景资料：

某施工单位承建城镇道路改扩建工程，全长 2km，工程项目主要包括：（1）原机动车道的旧水泥混凝土路面加铺沥青混凝土面层；（2）原机动车道两侧加宽、新建非机动车道和人行道；（3）新建钢结构人行天桥一座，横跨原机动车道及新建非机动车道钢制箱梁总重 68t，一次整体吊装。人行天桥桩基共设计 12 根钻孔灌注桩。改扩建道路平面布置如图 19-1 所示。

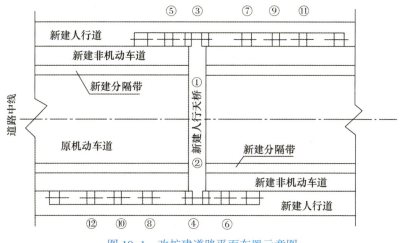

图 19-1 改扩建道路平面布置示意图

施工过程中发生如下情况：

情况一：项目部将原已获批的施工组织设计中的施工部署："非机动车道（双侧）→人行道（双侧）→钻孔灌注桩→原机动车道加铺"改为："钻孔灌注桩→非机动车道（双侧）→人行道（双侧）→原机动车道加铺"。

情况二：项目部编制了钢结构人行天桥专项施工方案，经施工单位技术负责人审批后上报总监理工程师申请开工，被总监理工程师退回。

情况三：专项施工方案中，钢梁安装前对钢梁结构本身在不同受力状态下的刚度、强度及稳定性进行验算。

情况四：原机动车道上①、②桩施工要求不中断交通，夜间 22：00—次日 5：00 封闭原机动车道，此时间段机动车从新建非机动车道通行。

问题：

1. 情况一中，项目部改变施工部署需要履行哪些手续？
2. 写出情况二中专项施工方案被退回的原因。
3. 补充情况三中钢箱梁安装前受力验算还缺哪些内容。
4. 情况四中，根据项目部施工部署及交通组织情况如何合理安排①～⑫号桩施工。

【案例 6】

背景资料：

某公司承建一座城市桥梁工程，该桥上部结构为 16×20m 预应力混凝土空心板，每跨布置空心板 20 片。进场后，项目部编制了实施性总体施工组织设计，内容包括：

内容一：根据现场条件和设计图纸要求，建设空心板预制场。预制台座采用槽式长线台座，横向连续设置 8 条预制台座，每条台座 1 次可预制空心板 4 片，预制台座构造如图 19-2 所示。

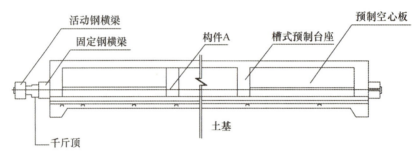

图 19-2 预制台座纵断面示意图

内容二：将空心板的预制工作分解成：① 清理模板、台座；② 涂刷脱模剂；③ 钢筋、钢绞线安装；④ 切除多余钢绞线；⑤ 隔离套管封堵；⑥ 整体放张；⑦ 整体张拉；⑧ 拆除模板；⑨ 安装模板；⑩ 浇筑混凝土；⑪ 养护；⑫ 吊运存放这 12 道施工工序。

内容三：每条预制台座的计划平均生产（周转）周期是 10d，即考虑各台座在正常流水作业节拍的情况下，每条预制台座每 10d 均可生产 4 片空心板。

内容四：依据总体进度计划，预制空心板 80d 后，开始进行吊装作业，吊装进度为平均每天吊装 8 片空心板。

问题：

1. 根据图 19-2 中预制台座的结构形式，指出该空心板的预应力体系属于哪种形式，写出构件 A 的名称。
2. 写出图 19-3 中施工工序 B、C、D、E、F、G 的名称（请用施工工序①～⑫的代号或名称作答）。
3. 列式计算完成空心板预制所需天数。
4. 空心板预制进度能否满足吊装进度的需要？说明原因。

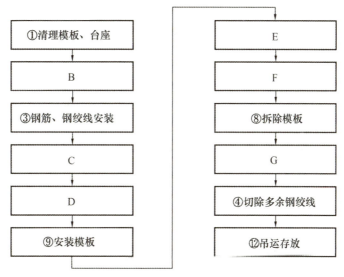

图 19-3 空心板预制施工工艺流程图

【案例 7】

背景资料：

某公司承建的立交桥加宽工程，是在原桥基础上两侧各加宽一个车道宽度，加宽宽度约 4m，本桥桥梁中线与河道中线正交，中心桩号：K0＋860.966，桥梁跨径 4×25m＋24m＋26m＋2×25m，加宽桥的桥梁全长 206m，桥宽 4m。大桥加宽拆除原桥边梁，替换为中梁后进行加宽，新加主梁采用与原桥一致的横向连接方式。

上部结构：标准段均采用与原结构一致的简支 T 梁结构，最大制作段吊装重量约 49t。

鉴于吊装的预制 T 梁重量大，又在城市快速路上施工，承建该工程的施工项目部为此制定了专项施工方案。

问题：

1．本工程专项施工方案应包括哪些主要内容？

2．本桥梁加宽工程，按照改建加宽位置划分属于哪种方案？

3．本工程属于新旧桥梁的上部结构连接而下部结构分离方式，此种方案有何优、缺点？还有哪些横向拼接形式？

【案例 8】

背景资料：

某施工单位中标承建过街地下通道工程，周边地下管线较复杂，设计采用明挖法施工。通道基坑总长 80m、宽 12m，开挖深度 8.5m。基坑围护结构采用 SMW 工法桩，基坑沿深度方向设有两道支撑，其中第一道支撑为钢筋混凝土支撑，第二道支撑为（φ609×16）mm 钢管支撑（见图 19-4）。基坑场地地层自上而下依次为：2.0m 厚素填土、6m 厚黏质粉土、8m 厚砂质粉土。地下水位埋深约 1.5m。在基坑内布置了 5 座管井降水。

项目部选用坑内小挖机与坑外长臂挖机相结合的土方开挖方案。在挖土过程中发现围护结构有两处出现渗漏现象，渗漏水为清水，项目部立即采取堵漏措施予以处理，堵漏处理造成直接经济损失20万元，工期拖延10d，项目部为此向业主提出索赔。

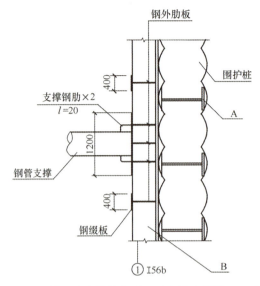

图19-4 第二道支撑节点平面示意图（单位：mm）

问题：

1. 给出图19-4中A、B构（部）件的名称，并分别简述其功用。
2. 根据两类支撑的特点分析围护结构设置不同类型支撑的理由。
3. 本项目基坑内管井属于什么类型？起什么作用？
4. 给出项目部堵漏措施的具体步骤。
5. 项目部提出的索赔是否成立？说明理由。
6. 列出基坑围护结构施工的大型工程机械设备。

【案例9】

背景资料：

某公司承建一段区间城市隧道，长度1.2km，埋深（覆土深度）8m，净宽5.6m，净高5.5m；支护结构形式采用钢拱架—钢筋网喷射混凝土，辅以超前小导管注浆加固。区间隧道上方为现况城市道路，道路下埋置有雨水、污水、燃气、热力等管线。地质资料揭示，隧道围岩等级为Ⅳ、Ⅴ级。

区间隧道施工采用暗挖法，施工时遵循浅埋暗挖技术"十八字"方针。根据隧道的断面尺寸、所处地层、地下水等情况，施工方案中开挖方法选用正台阶法，每循环进尺为1.5m。隧道掘进过程中，突发涌水，导致土体坍塌事故，造成3人重伤。事故发生后，现场管理人员立即向项目经理报告，项目经理组织有关人员封闭事故现场，采取有效措施控制事故扩大，开展事故调查，并对事故现场进行清理，将重伤人员送医院救治。事故调查发现，导致事故发生的主要原因如下：

原因一：由于施工过程中地表变形，导致污水管道突发破裂涌水。

原因二：超前小导管支护长度不足，实测长度仅为2m；两排小导管沿隧道纵向无搭接，不能起到有效的超前支护作用。

原因三：隧道施工过程中未进行监测，无法对事故发生进行预测。

问题：

1．根据《生产安全事故报告和调查处理条例》（中华人民共和国国务院令第493号）规定，本次事故属于哪种等级？指出事故调查组织形式的错误之处，说明理由。

2．分别指出事故现场处理方法、事故报告的错误之处，并给出正确的做法。

3．城市隧道施工中应该对哪些主要项目进行监测？

4．根据背景资料，小导管长度应该大于多少米？两排小导管纵向搭接长度一般不小于多少米？

【案例10】

背景资料：

某管道铺设工程项目，长1km，工程内容包括燃气、给水、热力等项目，热力管道采用支架铺设，合同工期80d，断面布置示意图如图19-5所示。建设单位采用公开招标方式发布招标公告，有3家单位报名参加投标，经审核，只有甲、乙两家单位符合合格投标人条件，建设单位为了加快工程建设，决定甲施工单位中标。

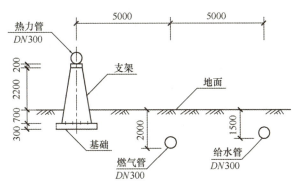

图19-5 管道铺设工程断面示意图（单位：mm）

开工前，甲施工单位项目部编制了总体施工组织设计，内容如下：

内容一：确定了各种管道的施工顺序为"燃气管→给水管→热力管"。

内容二：确定了各种管道施工工序的工作顺序，如表19-1所示，同时绘制了网络计划进度图，如图19-6所示。

表19-1 各种管道施工工序及工作顺序表

紧前工作	工作	紧后工作
—	燃气管挖土	燃气管排管、给水管挖土
燃气管挖土	燃气管排管	燃气管回填、给水管排管
燃气管排管	燃气管回填	给水管回填
燃气管挖土	给水管挖土	给水管排管、热力管基础
B、C	给水管排管	D、E
燃气管回填、给水管排管	给水管回填	热力管排管

147

续表

紧前工作	工作	紧后工作
给水管挖土	热力管基础	热力管支架
热力管基础、给水管排管	热力管支架	热力管排管
给水管回填、热力管支架	热力管排管	—

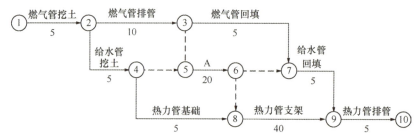

图19-6 网络计划进度图（单位：d）

在热力管道排管施工过程中，由于下雨影响停工1d。为保证按时完工，项目部采取了加快施工进度的措施。

问题：

1．建设单位决定由甲施工单位中标是否正确？说明理由。

2．给出项目部编制各种管道施工顺序的原则。

3．项目部加快施工进度应采取什么措施？

4．写出图19-6中代号A和工作顺序表中代号B、C、D、E代表的工作内容。

5．列式计算图19-6的工期，并判断工程施工是否满足合同工期要求，同时给出关键线路（关键线路用网络计划进度图中代号"①～⑩"及"→"表示）。

【案例11】

背景资料：

某公司中标承建该市城乡接合部交通改扩建高架桥工程，该高架桥上部结构为现浇预应力钢筋混凝土连续箱梁，桥梁底板距地面高15m，宽17.5m，主线长720m，桥梁中心轴线位于既有道路边线，在既有道路中心线附近有埋深1.5m的现状DN500mm自来水管道和光纤线缆，平面布置如图19-7所示。高架桥跨越132m鱼塘和菜地，设计跨径组合为41.5m＋49m＋41.5m，其余为标准联，跨径组合为（28＋28＋28）m×7联，支架法施工。下部结构为：H形墩身下接10.5m×6.5m×3.3m承台（埋深在光纤线缆下0.5m），承台下设有直径1.2m、深18m的钻孔灌注桩。

项目部进场后编制的施工组织设计提出了"支架地基加固处理"和"满堂支架设计"两个专项方案。在"支架地基加固处理"专项方案中，项目部认为支架地基预压时的荷载不小于支架地基承受的混凝土结构物恒载的1.2倍即可，并根据相关规定组织召开了专家论证会，邀请了含本项目技术负责人在内的4位专家对方案内容进行了论证。专项方案经论证后，专家组提出了应补充该工程上部结构施工流程及支架地基预压荷载验算需修改完善的指导意见。项目部未按专家组要求补充该工程上部结构施工流程和支架地基预压荷载验算，只将其他少量问题做了修改，上报项目总监和建设单位项目负责人审批时未能通过。

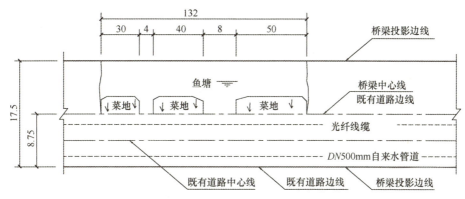

图 19-7　某市城郊改扩建高架桥平面布置示意图（单位：m）

问题：

1. 写出该工程上部结构施工流程（自箱梁钢筋验收完成到落架结束，混凝土采用一次浇筑法）。
2. 编写"支架地基加固处理"专项方案的主要因素是什么？
3. "支架地基加固处理"后的合格判定标准是什么？
4. 项目部在支架地基预压方案中，还有哪些因素应进入预压荷载计算？
5. 该项目中除了"DN500mm自来水管道，光纤线缆保护方案"和"预应力张拉专项方案"以外还有哪些内容属于"危险性较大的分部分项工程"范筹却未上报专项方案的，请补充。
6. 项目部邀请了含本项目技术负责人在内的4位专家对两个专项方案进行论证的结果是否有效？如无效请说明理由并写出正确做法。

【案例12】

背景资料：

某公司承建一段新城镇道路，其雨水管道位于流砂地区，设计采用 $D800mm$ 钢筋混凝土管，相邻井段间距40m，8号、9号雨水井段平面布置图及井室剖面如图19-8所示，8号、9号井类型一致。

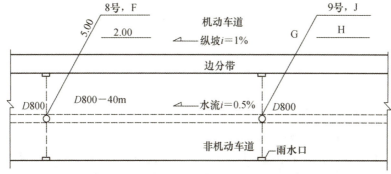

平面布置图（高程、井深单位：m，管径单位：mm）

图 19-8　8号、9号雨水井段平面布置图及井室剖面图

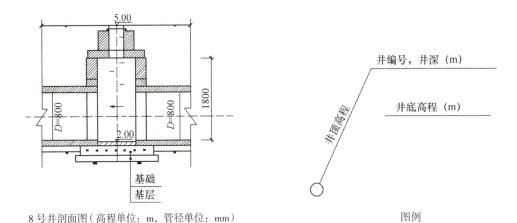

8号井剖面图(高程单位：m，管径单位：mm)　　　　　　　图例

图19-8　8号、9号雨水井段平面布置图及井室剖面图（续）

施工前，项目部对部分相关技术人员的职责、管道施工工艺流程、管道施工进度计划、验收等内容规定如下：

内容一：由A（技术人员）具体负责：确定管线中线、检查井位置与沟槽开挖边线。

内容二：由质检员具体负责：沟槽回填土压实度试验；管道与检查井施工完成后，进行管道B试验（功能性试验）。

内容三：管道施工工艺流程如下：沟槽开挖与支护→C→下管、排管、接口→检查井砌筑→管道功能性试验→分层回填土与夯实。

内容四：管道验收合格后转入道路路基分部工程施工，该分部工程包括填土、整平、压实等工序，其质量检验的主控项目有压实度和D。

内容五：管道施工划分为三个施工段，时标网络计划如图19-9所示（有两条虚工作需补充）。

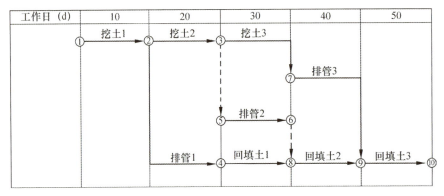

图19-9　雨水管道施工时标网络计划图

问题：

1. 根据背景资料写出最符合题意的A、B、C、D的内容。

2. 列式计算平面布置图19-8中F、G、H、J的数值。

3. 补全图19-9中缺少的虚工作（用时标网络图提供的节点代号及箭线作答，或用文字叙述，在背景资料中作答无效）。补全后的网络图中有几条关键线路，总工期为多少？

【案例 13】

背景资料：

某市政土质基坑工程，基坑侧壁安全等级为一级，基坑平面尺寸为 22m×200m，基坑深为 10m，地下水位于地面下 5m。采用地下连续墙围护，设三道钢支撑。基坑周围存在大量地下管线等建（构）筑物。

为保证基坑开挖过程中的安全，施工单位编制了监测方案，监测方案包括：工程概况、场地的工程地质、水文地质条件及基坑周边环境状况、监测目的和依据、监测范围、对象及项目、监测数据处理、分析与信息反馈。施工过程中，监测单位根据监测方案对基坑进行了监测，并且在工程结束后，向施工单位提交了监测报告。

问题：

1．本工程监测方案内容是否全面，如不全面还应包括哪些内容？
2．根据背景资料及《建筑基坑工程监测技术标准》GB 50497—2019，应监测哪些项目？
3．监测单位的做法有哪些不妥之处？
4．简述监测总结报告包括的内容。

【案例 14】

背景资料：

某市政工程公司承建城市主干道改造工程，主要内容为：主线高架桥梁、匝道桥梁、挡土墙及引道，如图 19-10 所示。桥梁基础采用钻孔灌注桩。上部结构为预应力混凝土连续箱梁，采用满堂支架法现浇施工。边防撞护栏为钢筋混凝土结构。

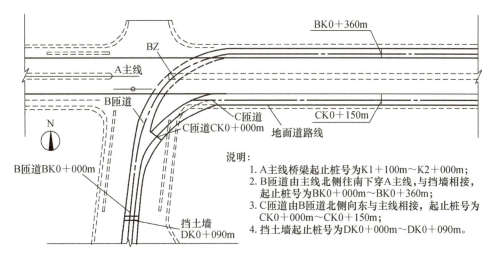

图 19-10 工程总平面示意图

施工期间发生如下情况：

情况一：在工程开工前，项目部会同监理工程师，根据《城市桥梁工程施工与质量验收规范》CJJ 2—2008 等确定和划分了本工程的单位工程（子单位工程）、分部分项工程及检验批。

情况二：在施工安排时，项目部认为主线与匝道交叉部位及交叉口以东主线和匝道并行部位是本工程的施工重点，主要施工内容有：匝道基础及下部结构、匝道上部结构、主线基础及下部结构（含B匝道BZ墩）、主线上部结构。在施工期间需要多次组织交通导行，因此必须确定合理的施工顺序。项目部经仔细分析确认施工顺序如图19-11所示。

① —→ 交通导行 —→ ② —→ 交通导行 —→ ③ —→ 交通导行 —→ ④

图19-11 施工作业流程图

另外项目部配置了边防撞护栏定型组合钢模板，每次可浇筑边防撞护栏长度200m，每4d可周转一次。在上部结构基本完成后开始施工边防撞护栏，直至施工完成。

问题：

1．情况一中，本工程的单位（子单位）工程有哪些？
2．指出钻孔灌注桩验收的分项工程和检验批。
3．图19-11中①、②、③、④分别对应哪项施工内容？
4．情况二中，边防撞护栏的连续施工至少需要多少天（列式分步计算）？

【案例15】

背景资料：

某公司承建一座城市桥梁工程。该桥跨越山区季节性流水沟谷，上部结构为三跨式钢筋混凝土结构，重力式U形桥台，基础均采用扩大基础；桥面铺装自下而上为8cm厚的钢筋混凝土整平层＋防水层＋粘层＋7cm厚的沥青混凝土面层；桥面设计高程为99.630m。桥梁立面布置如图19-12所示：

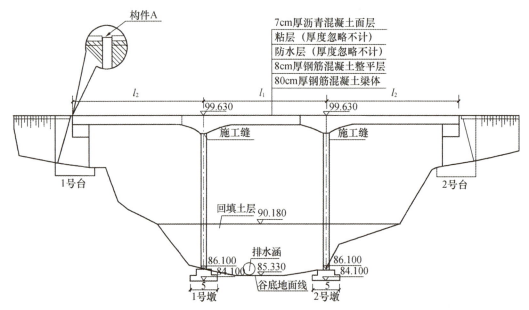

图19-12 桥梁立面布置示意图（单位：m）

项目部编制的施工方案有如下内容：

内容一：根据该桥结构特点，施工时，在墩柱与上部结构衔接处（即梁底曲面变弯处）设置施工缝。

内容二：上部结构采用碗扣式钢管满堂支架现浇施工方案。根据现场地形特点及施工便道布置情况，采用杂土对沟谷一次性进行回填，回填后经整平碾压，场地高程为90.180m，并在其上进行支架搭设施工，支架立柱放置于20cm×20cm的楞木上。支架搭设完成后，项目部立即按施工方案要求的预压荷载对支架采用土袋进行堆载预压，期间遇较长时间大雨，场地积水。项目部对支架预压情况进行连续监测，数据显示各点的沉降量均超过规范规定，导致预压失败。此后，项目部采取了相应整改措施，并严格按规范规定重新开展支架施工与预压工作。

问题：

1. 写出图19-12中构件A的名称。

2. 根据图19-12判断，按桥梁结构特点，该桥梁属于哪种类型？简述该类型桥梁的主要受力特点。

3. 施工方案内容一中，在浇筑桥梁上部结构时，施工缝应如何处理？

4. 根据施工方案内容二，列式计算桥梁上部结构施工应搭设满堂支架的最大高度；根据计算结果，该支架施工方案是否需要组织专家论证？说明理由。

5. 试分析项目部支架预压失败的可能原因。项目部应采取哪些措施才能使支架顺利预压成功？

【案例16】

背景资料：

甲公司中标某城镇道路工程，设计道路等级为城市主干路，全长560m，横断面形式为三幅路，机动车道为双向六车道，路面面层结构设计采用沥青混凝土，上面层为40mm厚的SMA-13，中面层为60mm厚的AC-20，下面层为80mm厚的AC-25。

施工过程中发生如下情况：

情况一：甲公司将路面工程施工项目分包给具有相应施工资质的乙公司施工，建设单位发现后立即制止了甲公司的行为。

情况二：路基范围内有一处干涸池塘，甲公司将原始地貌杂草清理后，在挖方段取土一次性将池塘填平并碾压成型，监理工程师发现后责令甲公司返工处理。

情况三：甲公司编制的沥青混凝土施工方案包括以下要点：

要点一：上面层摊铺分左、右幅施工，每幅摊铺采用一次成型的施工方案，两台摊铺机呈梯队方式推进，并保持摊铺机组前后错开40～50m距离。

要点二：上面层碾压时，初压采用振动压路机，复压采用轮胎压路机，终压采用双轮钢筒式压路机。

要点三：该工程属于城市主干路，沥青混凝土面层碾压结束后需要快速开放交通，终压完成后拟洒水加快路面的降温速度。

情况四：确定了路面施工质量检验的主控项目及检验方法。

问题：

1. 情况一中，建设单位制止甲公司的分包行为是否正确？说明理由。

2. 指出情况二中的不妥之处。

3. 指出情况三中的错误之处并改正。

4. 写出情况四中沥青混凝土路面面层施工质量检验的主控项目(原材料除外)及检验方法。

【案例 17】

背景资料:

某公司承建长 1.2km 的城镇道路大修工程,现状路面面层为沥青混凝土,主要施工内容包括:对沥青混凝土路面沉陷、碎裂部分进行处理;局部加铺网孔尺寸 10mm 的玻纤网以减少对新沥青面层的反射裂缝;对旧沥青混凝土路面铣刨拉毛后加铺 40mm 厚的 AC-13 沥青混凝土面层,道路平面如图 19-13 所示。机动车道下方有一条 DN800mm 的污水干线,垂直于干线有一根 DN500mm 的混凝土污水支线管接入,由于污水支线管不能满足排放量要求,拟在原位更新为 DN600mm 的污水管,更换长度 50m,如图 19-13 中所示 2 号~2′号井段。

项目部在处理破损路面时发现挖补深度介于 50~150mm 之间,拟用沥青混凝土一次补平。在采购玻纤网时被告知网孔尺寸 10mm 的玻纤网缺货,拟变更为网孔尺寸 20mm 的玻纤网。交通部门批准的交通导行方案要求:施工时间为夜间 22:30—次日 5:30,不断路施工。为加快施工速度,保证每日 5:30 前恢复交通,项目部拟提前一天采用机械洒布乳化沥青(用量 0.8L/m²),为第 2 天沥青面层摊铺创造条件。

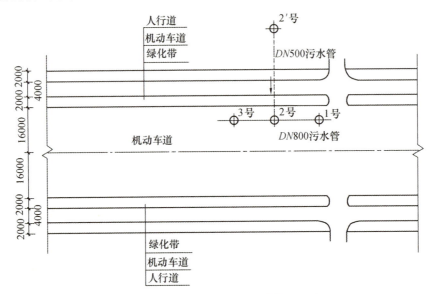

图 19-13 道路平面示意图(单位:mm)

项目部调查发现:2 号~2′号井段管道埋深约 3.5m,该深度土质为砂卵石;路面下穿越有电信、电力管道(埋深均小于 1m),2′号井处具备工作井施工条件,污水干线夜间水量小且稳定,支管接入时不需导水。2 号~2′号井段施工时将结合现场条件,项目部拟从开槽法、内衬法、破管外挤法及定向钻法这四种工法中选择一种进行施工。

在对 2 号井内进行扩孔接管作业之前，项目部编制了有限空间作业专项方案和事故应急预案并经过审批；作业人员下井前打开上、下游检查井通风，对井内气体进行检测后未发现有毒气体超标；在打开的检查井周边摆放了反光锥桶。完成上述准备工作后，检测人员带着气体检测设备离开了现场，此后两名作业人员均穿戴防护设备下井施工，由于施工时扰动了井底沉积物，有毒气体逸出，造成作业人员中毒，虽救助及时未造成人员伤亡，但暴露了项目部安全管理的漏洞，监理因此开出停工整顿通知。

问题：

1．指出项目部破损路面处理的错误之处并改正。
2．指出项目部玻纤网更换的错误之处并改正。
3．改正项目部为加快施工速度所采取的措施中的错误。
4．管道敷设的四种管道施工方法中哪种方法最适合本工程？分别简述其他三种方法不适合的主要原因。
5．针对管道施工时发生的事故，补充项目部在安全管理方面采取的措施。

【案例 18】

背景资料：

某市政企业中标一城市隧道项目，该项目地处城郊接合部，场地开阔，建筑物稀少，隧道全长 200m，宽 19.4m，深度 16.8m，设计为地下连续墙围护结构，采用钢筋混凝土支撑与钢管支撑，明挖法施工。本工程开挖区域内地层分布为回填土、黏土、粉砂、中粗砂及砾石，地下水位位于 3.95m 处。详见图 19-14。

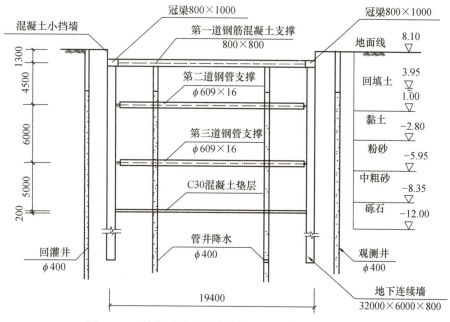

图 19-14 横断面图（尺寸单位：mm，高程单位：m）

项目部依据设计变更和工程地质资料编制了施工组织设计，施工组织设计明确了以下内容：

内容一：工程全长范围内均采用地下连续墙围护结构，连续墙顶部设有 800mm×1000mm 的冠梁；钢筋混凝土支撑与钢管支撑的间距为：垂直间距 4.5~6m，水平间距 8m。主体结构采用分段跳仓施工，分段长度为 20m。

内容二：施工工序为"围护结构施工→降水→第一层土方开挖（挖至冠梁底面标高）→ A →第二层土方开挖→设置第二道支撑→第三层土方开挖→设置第三道支撑→最底层开挖→ B →拆除第三道支撑→ C →负二层中板、中板梁施工→拆除第二道支撑→负一层侧墙、中柱施工→侧墙顶板施工→ D"。

内容三：项目部对支撑作业做了详细的布置：围护结构第一道采用钢筋混凝土支撑，第二、三道采用（φ609×16）mm 的钢管支撑，钢管支撑一端为活络头，采用千斤顶在该侧施加预应力，预应力加设前后的 12h 内应加密监测频率。

内容四：后浇带设置在主体结构中间部位，宽度为 2m，当两侧混凝土强度达到 100% 设计值时，开始浇筑。

内容五：为防止围护变形，项目部制定了开挖和支护的具体措施：

（1）开挖范围及开挖、支撑顺序均应与围护结构设计工况相一致。

（2）挖土要严格按照施工方案规定进行。

（3）必须分层均衡开挖。

（4）支护与挖土要密切配合，严禁超挖。

问题：

1. 根据背景资料，本工程围护结构还可以采用哪些方式？
2. 写出施工工序中代号 A、B、C、D 所对应的工序名称。
3. 钢管支撑施加预应力后，预应力损失如何处理？
4. 后浇带施工应有哪些技术要求？
5. 补充完善开挖和支护的具体措施。

【案例 19】

背景资料：

某公司承建一座城市快速路的跨河桥梁，该桥由主桥、南引桥和北引桥组成，分东、西双幅分离式结构，主桥中跨下为通航航道，施工期间航道不中断。主桥的上部结构采用三跨式预应力混凝土连续刚构，跨径组合为 75m＋120m＋75m；南、北引桥的上部结构均采用等截面预应力混凝土连续箱梁，跨径组合为（30m×3 片/跨）×5 跨；下部结构墩柱基础采用混凝土钻孔灌注桩，重力式 U 形桥台；桥面系护栏采用钢筋混凝土防撞护栏；桥宽 35m，横断面布置采用 0.5m（护栏）＋15m（车行道）＋0.5m（护栏）＋3m（中分带）＋0.5m（护栏）＋15m（车行道）＋0.5m（护栏）；河床地质自上而下为 3m 厚的淤泥质黏土层、5m 厚的砂土层、2m 厚的砂层、6m 厚的卵砾石层等；河道最高水位（含浪高）高程为 19.5m，水流流速为 1.8m/s。桥梁立面布置如图 19-15 所示：

项目部编制的施工方案有如下内容：

内容一：根据主桥结构特点及河道通航要求，拟定主桥上部结构的施工方案，为满足施工进度计划要求，施工时将主桥上部结构划分成⓪、①、②、③等施工区段，其中施工区段⓪的长度为14m,施工区段①每段施工长度为4m,采用同步对称施工原则组织施工,主桥上部结构施工区段划分如图19-15所示。

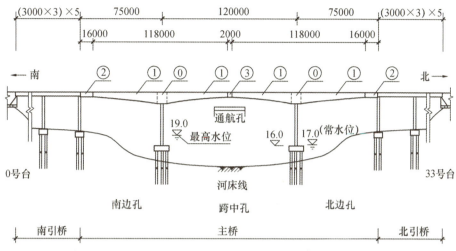

图19-15 桥梁立面布置及主桥上部结构施工区段划分示意图(尺寸单位：mm;高程单位：m)

内容二：由于河道有通航要求，在通航孔施工期间采取安全防护措施，确保通航安全。

内容三：根据桥位地质、水文、环境保护、通航要求等情况，拟定主桥水中承台的围堰施工方案，并确定了围堰的顶面高程。

问题：

1. 列式计算该桥多孔跨径总长；根据计算结果指出该桥所属的桥梁分类。
2. 施工方案内容一中，分别写出主桥上部结构连续刚构及施工区段②最适宜的施工方法；列式计算每个主桥墩上部结构的施工次数（施工区段③除外）。
3. 结合图示及施工方案内容一，指出主桥"南边孔、跨中孔、北边孔"先后合龙的顺序（用"南边孔、跨中孔、北边孔"及箭头"→"作答；当同时施工时，请将相应名称并列排列）；指出施工区段③的施工时间应选择一天中的什么时候进行。
4. 施工方案内容二中，在通航孔施工期间应采取哪些安全防护措施？
5. 施工方案内容三中，指出主桥墩承台施工最适宜的围堰类型；围堰高程至少应为多少米？

【案例20】

背景资料：

A公司承接一项DN1000mm天然气管线工程，管线全长4.5km，设计压力为4.0MPa，材质L485。除穿越一条宽度为50m的非通航河道采用泥水平衡法顶管施工外，其余均采用开槽明挖施工。B公司负责该工程的监理工作。

工程开工前，A公司踏勘了施工现场，调查了地下设施、管线和周边环境，了解水文地质情况后，建议将顶管法施工改为水平定向钻施工，经建设单位同意后办理了变更手续。A公司编制了水平定向钻施工专项方案。建设单位组织了包含B公司总工程师在内的 5 名专家对专项方案进行了论证，项目部结合论证意见进行了修改，并办理了审批手续。为顺利完成穿越施工，参建单位除研究设定钻进轨迹外，还采用专业浆液现场配制泥浆液，以便在定向钻穿越过程中起到如下作用：软化硬质土层、调整钻进方向、润滑钻具、为泥浆电动机提供动力。项目部按所编制的穿越施工专项方案组织施工，施工完成后在投入使用前进行了管道功能性试验。

问题：

1. 简述 A 公司将顶管法施工变更为水平定向钻施工的理由。
2. 指出本工程专项方案论证的不合规之处并给出正确做法。
3. 试补充水平定向钻泥浆液在钻进中的作用。
4. 列出水平定向钻有别于顶管施工的主要工序。
5. 本工程管道功能性试验有哪些？

【案例 21】

背景资料：

某城市桥梁工程，上部结构为预应力混凝土连续梁，基础为直径 1200mm 的钻孔灌注桩，地质结构为软岩。

A 公司中标该工程。投标时钢筋价格为 4500 元/t，合同约定市场价在投标价上下浮动 10% 内不予调整；上下浮动超过 10% 时，对超出部分按月进行调整。市场价以当地造价信息中心公布的价格为准。

该公司现有的钻孔机械为正、反循环回旋钻机若干台供本工程选用。施工过程中，发生如下情况：

情况一：施工准备工作完成后，经验收合格开始钻孔，钻进成孔时，发生钻孔偏斜事故。

情况二：现浇混凝土箱梁支撑体系采用盘扣式钢管支架，支架搭设完成后安装箱梁模板，验收时发现梁模板高程设置的预拱度存在少量偏差，因此要求整改。

情况三：工程结束时，经统计钢材用量和信息价格见表 19-2。

表 19-2　钢材用量及信息价格统计表

月份	4	5	6
信息价（元/t）	4000	4700	5300
数量（t）	800	1200	2000

问题：

1. 就公司现有桩基成孔设备进行比选，并根据钻机适用性说明理由。
2. 试分析情况一中造成钻孔偏斜的原因。
3. 情况二中，在预拱度存在偏差的情况下，如何利用支架进行调整高程？
4. 根据合同约定，4～6 月份钢筋能够调整多少差价（具体计算每个月的差价额）？

【案例 22】

背景资料：

A 公司承建城市道路改扩建工程，其中新建一座单跨简支桥梁，节点工期为 90d。项目部编制的网络进度计划如图 19-16 所示。公司技术负责人在审核中发现该施工进度计划不能满足节点工期要求，工序安排不合理，要求在每项工作作业时间不变，桥台钢模板仍为一套的前提下对网络进度计划进行优化。桥梁工程施工前，由专职安全员对整个桥梁工程进行了安全技术交底。

桥台施工完成后在台身上发现较多裂缝，裂缝宽度为 0.1~0.4mm，深度为 3~5mm，经检测鉴定这些裂缝危害性较小，仅影响外观质量，项目部按程序对裂缝进行了处理。

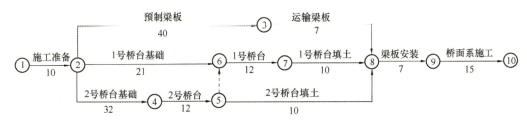

图 19-16 桥梁施工进度网络计划图（单位：d）

问题：

1. 绘制优化后的该桥施工网络进度计划，并给出关键线路和节点工期。
2. 针对桥梁工程安全技术交底的不妥之处，给出正确做法。
3. 按裂缝深度分类，背景资料中裂缝属哪种类型？试分析裂缝形成的可能原因。
4. 给出背景资料中裂缝的处理方法。

实务操作和案例分析题答案

【案例 1 答案】

1. 本工程施工总体部署应考虑的工程特点：

（1）新建下行机动车道内雨水、污水、给水、供热、燃气、道路多专业工程交叉综合施工，工程量大，需要协调之处也多。

（2）现况路宽 12.5m，人机混行，经常拥堵，待改接老旧管线多，不安全因素多。

（3）两侧密布的企事业单位和民居多处位于道路红线内，拆迁量大，不确定因素多。

（4）合同要求 4 月 1 日开工，当年完工，经历暑期、冬期、雨期，工期紧张，计划应留有余地。

2. 本工程交通组织措施的整体思路如下：利用原路分隔出机动车道、非机动车道和人行道维持交通，同步施工新建下行道路范围内所有工程；利用深夜交通量小的时段，改接老路下管线至新建管线；最后将交通导行到新路，施作老路表面层，最后完成道路施工。

3. 隐患一：面层施工受拆迁影响滞后到12月中旬，可能已进入冬期，强行施工会影响道路质量；

预防措施：表面层施工应选择环境温度高于5℃时进行，施工中做好充分准备，采取"快卸、快铺、快平"和"及时碾压、及时成型"的措施。

隐患二：项目部对中面层进行简单清理后摊铺表面层不妥；

预防措施：彻底清除中面层表面的垃圾、灰尘和污垢，表面应干燥、清洁、无冰、雪、霜等，撒粘层油后摊铺表面层。

【案例2答案】

1. 正确做法一：围堰高度应高出施工期间可能出现的最高水位（包括浪高）0.5~0.7m。

正确做法二：钢板桩应用锤击、振动等方法下沉。

正确做法三：围堰钢板桩从上游向下游合龙。

2. 由项目部总工组织编制，项目负责人批准后，报企业技术负责人审批，加盖公章，并由总监理工程师审查签字、加盖执业印章后方可实施。

3. 不妥之处一：要求各施工班组自备发电机供电不妥；

理由：应集中设置发电机，将发电机输出端接入统一设置的低压配电系统的总配电箱。

不妥之处二：将发电机输出端直接连接到开关箱不妥；

理由：低压配电系统宜采用三级配电，宜设置总配电箱、分配电箱、末级配电箱（即开关箱）。

不妥之处三：将电焊机、水泵和打夯机接入同一个开关箱不妥；

理由：每台用电设备必须有各自专用的开关箱，严禁用同一个开关箱直接控制两台及以上用电设备（含插座）。发电机组电源必须与外电线路电源连锁，严禁并列运行。

4．不能。因为起重机是特种设备，应由持有效上岗证的起重机司机操作。

【案例3答案】

1．a——管道焊接检验；b——强度；c——严密性；d——黄色警示带。

2．不正确。相关法规规定：禁止承包单位将其承包的全部工程转包给他人。

3．应采取降水措施，并采用级配砂石或天然砂回填至设计标高，超挖部分回填后应进行压实。

4．工程竣工验收基本条件中所缺内容：施工单位工程竣工报告；有完整的技术档案和施工管理资料；有工程使用的主要建筑材料、建筑构配件和设备的进场试验报告，以及工程质量检测和功能性试验资料；施工单位签署的工程质量保修书；建设主管部门及工程质量监督机构责令整改的问题全部整改完毕；法律、法规规定的其他条件。

【案例4答案】

1．沥青路面病害种类还包括：壅包、车辙、坑槽、翻浆。

2．技术准备的内容包括：进行现场病害调查并反馈设计进行病害评估；编制施工组织设计，制定病害处理方案；进行现况路面高程复核，确定铣刨深度；考察沥青混合料厂家的资质、生产能力及质量保证体系；组织试验段施工，确定机械组合、虚铺厚度、碾压遍数等施工参数。

缺失环节名称：A——病害检测；B——病害处理；C——撒布粘层油。

土工合成材料铺设作用：采用玻纤网、土工织物等土工合成材料，铺设于旧沥青路面、旧水泥混凝土路面的沥青加铺层底部或新建道路沥青面层底部，可减少或延缓由旧路面对沥青加铺层的反射裂缝。

3．造成交通拥堵的原因主要是施工前未进行工程组织策划，城市快速路属于封闭道路，进出口少，应合理安排施工段落，确定大型机械停放位置及进出场路线、顺序，在占路施工段内快速施工。

交通导改方案的编制要点：

（1）施工期间的交通导行方案设计是施工组织设计的重要组成部分，必须周密考虑各种因素，满足社会交通流量，保证高峰期的需求，选取最佳方案并制定有效的保护措施。

（2）交通导行方案要有利于施工组织和管理，确保车辆行人安全顺利通过施工区域以使施工对人民群众、社会经济生活的影响降到最低。

（3）交通导行应纳入施工现场管理，交通导行应根据不同的施工阶段设计交通导行方案，一般遵循占一还一（即占用一条车道还一条施工便道）的原则。

（4）交通导行图应与现场平面布置图协调一致。

（5）采取不同的组织方式，保证交通流量、高峰期的需要。

【案例 5 答案】

1．需履行施工组织设计变更程序。应由项目负责人主持重新编制施工组织设计文件，施工单位技术负责人审批、加盖公章，并由总监理工程师审查签字、加盖执业印章后方可实施。

2．被退回的原因是专项施工方案未组织专家论证。

3．人行天桥钢箱梁安装前应对临时支架、支承、起重机等临时结构在不同受力状态下的刚度、强度及稳定性进行验算。

4．根据项目部施工部署，先施工人行道位置的钻孔灌注桩，在原机动车道两侧分别隔离出人非混行道。待新建非机动车道和人行道完成，利用夜间22：00—次日5：00，将机动车引流至新建非机动车道，临时封闭机动车道，施工①、②桩。

【案例 6 答案】

1．由图 19-2 可知预应力体系属于先张法预应力施工。构件 A——预应力筋。

2．B——②刷涂脱模剂；C——⑤隔离套管封堵；D——⑦整体张拉；E——⑩浇筑混凝土；F——⑪养护；G——⑥整体放张。

3．（1）本桥梁工程共需要预制空心板为：$20 \times 16 = 320$ 片。

（2）项目部每 10d 可预制的空心板数量为：$8 \times 4 = 32$ 片。

（3）完成所有预制空心板所需的天数为：$320 \div 32 \times 10 = 100d$。

4．（1）能满足吊装进度。

（2）截至第 80 天，预制空心板数量为 $32 \times 80/10 = 256$ 片，吊装这些空心板需 $256 \div 8 = 32d$，完成剩余空心板需 $100 - 80 = 20d$，因此可以满足吊装进度。

【案例 7 答案】

1．本工程的专项施工方案属于超过一定规模的危险性较大的分部分项工程专项施工方案，其主要内容应当包括：

（1）工程概况：危险性较大分部分项工程概况和特点、施工平面布置、施工要求和技术保证条件。

（2）编制依据：相关法律、法规、规范性文件、标准、规范及施工图设计文件、施工组织设计等。

（3）施工计划：包括施工进度计划、材料与设备计划。

（4）施工工艺技术：技术参数、工艺流程、施工方法、操作要求、检查要求等。

（5）交通导行措施。

（6）施工安全保证措施：组织保障措施、技术措施、监测监控措施等。

（7）施工管理及作业人员配备和分工：施工管理人员、专职安全生产管理人员、特种作业人员、其他作业人员等。

（8）验收要求：验收标准、验收程序、验收内容、验收人员等。

（9）应急处置措施。

（10）计算书及相关施工图纸。

2．双侧加宽方案。

3．（1）新旧桥梁的上部结构连接而下部结构分离方式优点：

① 下部构造不连接，加宽桥梁与旧桥在下部结构之间没有结构上的相互影响，上部构造连接对下部构造产生的内力影响很小。

② 上部结构连接可以满足桥面铺装的整体化需求，并且新桥上部结构还可以协助旧桥上部结构工作。

③ 同新旧桥梁上部与下部结构采用相互连接方式相比，可以减少混凝土结构连接施工的工程量，加快进度。

④ 同新旧桥梁上部与下部结构采用互不连接方式相比，也可以提高城市桥梁工程的适用性和耐久性。

（2）新旧桥梁的上部结构连接而下部结构分离方式缺点：

① 上部构造连接后由于新旧桥梁材料特性的差异将产生附加内力，由基础沉降等原因产生的附加内力也使连接部位内力增大。

② 这种新旧桥梁连接的方式仍要注意新旧桥梁基础之间沉降差的影响，若沉降差较大依然会在整体上部结构中产生横桥向的较大拉应力，进而导致上部结构混凝土开裂和桥面铺装开裂。

③ 还有两种横向拼接形式：新旧桥梁上部与下部结构采用相互连接方式；新旧桥梁上部与下部结构采用互不连接方式。

【案例8答案】

1．A——工字钢；B——围檩。

（1）工字钢的功用：作为SMW工法桩加筋用，它与水泥土搅拌墙结合，形成一种复合劲性围护结构，可以极大地提高水泥土搅拌墙的强度，增大SMW桩的抗弯和抗压强度；且工字钢可以拔出重新利用，有利于节省钢材、节约成本。

（2）围檩的功用：与围护桩（墙）、支撑一起构成支撑结构体系，承受围护墙所传递的土压力和水压力，传递给钢支撑。

2．（1）钢筋混凝土支撑的特点是：混凝土结硬后刚度大，变形小，强度的安全可靠性强，施工方便，但支撑浇制和养护时间长，围护结构处于无支撑的暴露状态的时间长、软土中被动区土体位移大，如对控制变形有较高要求时，需对被动区软土加固。施工工期长，拆除困难，爆破拆除对周围环境有影响。随着基坑开挖深度增大，基坑上部周围土体的主动土压力越来越大，采用钢筋混凝土支撑作深基坑的第一道支撑，与SMW 工法桩连接，可以有效抵抗基坑上部土体的主动土压力，正好利用了其"刚度大，变形小，强度上安全可靠性高，施工方便"的优点，避开了其"施工时间长，围护结构处于无支撑的暴露状态的时间长，软土中被动区土体位移大"的缺点。

（2）钢管支撑的特点是：安装、拆除方便，可周转使用，支撑中可加预应力，可调整轴力而有效控制围护墙变形；施工工艺要求较高，如节点和支撑结构处理不当，或施工支撑不及时不准确，会造成失稳。由于基坑开挖后，基坑中下部周围土体的主动土压力相对较小，但要求支撑及时，所以采用钢管支撑可以较快地构筑围护支撑结构，较好地保持基坑稳定，保证施工安全。

3．本项目的管井属于疏干井，其作用是疏干潜水，便于基坑开挖；同时有利于保护周边的地下管线。

4．堵漏措施的具体步骤为：

（1）渗水较小时，在漏水处用排水管引流，用双快水泥封堵，待封堵见效后，关闭排水管道。

（2）如果渗流过大，就在漏水处回填土并在基坑外注浆封堵水流。堵漏完成后，再清除回填土。

5．索赔不能成立，因为基坑漏水是围护结构施工缺陷造成的，属于施工单位的原因，所以不能索赔。

6．三轴水泥土搅拌机、起重机、振动式打拔桩机等。

【案例 9 答案】

1．事故等级：一般事故。

事故调查组织形式的错误之处：项目经理组织开展事故调查；

理由：一般事故由事故发生地县级人民政府负责调查。县级人民政府可以直接组织事故调查组进行调查，也可以授权或者委托有关部门组织事故调查组进行调查。

2．（1）事故现场处理方法的错误之处：对事故现场进行清理（未保护或故意破坏事故现场）；

正确做法：事故发生后，有关单位和人员应当妥善保护事故现场以及相关证据，任何单位和个人不得破坏事故现场、毁灭相关证据。

（2）事故报告的错误之处：现场人员报到项目经理（或项目经理未向上级部门报告）；

正确做法：事故发生后，事故现场有关人员应当立即向本单位负责人报告；单位负责人接到报告后，应当于 1h 内向事故发生地县级以上人民政府安全生产监督管理部门和负有安全生产监督管理职责的有关部门报告。

3．隧道施工中应对地面、地层（或围岩）、建（构）筑物（或市政管线）、支护结构进行动态监测并及时反馈信息。

4．（1）小导管长度应大于 3m。

（2）两排小导管纵向搭接长度一般不小于 1m。

【案例 10 答案】

1．建设单位决定由甲施工单位中标不正确；

理由：开标后，合格投标人少于 3 个的招标无效。

2．管道施工遵循的原则："先地下，后地上，先深，后浅"。

3．项目部加快施工进度应采取的措施：加班，增加人员、机械设备（焊机、起重机）。

4．A——给水管排管；B——燃气管排管；C——给水管挖土；D——给水管回填；E——热力管支架。

5．（1）图 19-6 中网络计划进度图工期 $T = 5 + 10 + 20 + 40 + 5 = 80d$。

（2）满足合同工期。

（3）关键线路：①→②→③→⑤→⑥→⑧→⑨→⑩。

【案例 11 答案】

1．上部结构自箱梁钢筋验收完成到落架结束的流程：浇筑箱梁混凝土→养护→拆除箱梁侧模→箱梁预应力张拉→预应力管道内压浆并养护到设计强度→拆除箱梁底模及支架（落架）。

2．编写"支架地基加固处理"专项方案的主要因素：

（1）鱼塘、菜地、填土、老路以外原状地基承载力不满足设计要求。

（2）桥梁中心轴线两侧支架基础承载力不同，软硬不均匀。

3．"支架地基加固处理"后合格的判定标准：

（1）24h 的预压沉降量平均值小于 1mm。

（2）72h 的预压沉降量平均值小于 5mm。

（3）支架基础预压报告合格。

（4）排水系统正常。

4．还有钢管支架重量、模板重量。

5．属于"危险性较大的分部分项工程"的项目还有："深度超过 5m 的基坑（槽）土方开挖"专项方案。

6．论证结果无效。

理由：本项目参建各方的人员不得以专家身份参加专家论证会。

正确做法：应当由 5 名（应组成单数）符合相关专业要求的非参建项目的专家组成。

【案例 12 答案】

1．A——测量员；B——严密性试验；C——验槽及基础施工；D——弯沉值。

2．F 数值：$5.00 - 2.00 = 3.00m$，G 数值：$5.00 + 40 \times 1\% = 5.40m$；H 数值：$2.00 + 40 \times 0.5\% = 2.20m$，J 数值：$5.40 - 2.20 = 3.20m$。

3．缺少虚工作④┄→⑤，⑥┄→⑦。

补全后的网络图中有 6 条关键线路。雨水管道施工总工期为 50d。

【案例 13 答案】

1．不全面。基坑开挖前应作出系统的开挖监控方案，监控方案还应包括：基准点、监测点的布设与保护、监测方法和精度、监测期和监测频率、监测预警及异常情况下的监测措施、监测人员配备、监测仪器设备及检定要求、作业安全及其他管理制度。所以，本工程的监测方案并不全面，应按规定予以补充。

2. 根据《建筑基坑工程监测技术标准》GB 50497—2019，本工程侧壁安全等级为一级，应监测的项目有：地下连续墙顶部水平位移，地下连续墙墙顶部竖向位移，深层水平位移，立柱竖向位移，支撑轴力，地下水位，周边地表竖向位移，周边建筑竖向位移，周边建筑倾斜，周边建筑裂缝、地表裂缝，周边管线竖向位移，周边道路竖向位移。

3. 不妥之处：本工程监测单位在工程结束后才向施工单位提交监测报告，失去了监测的意义；

正确做法：基坑开挖监测过程中，监测单位应按照监测方案进行监测，施工单位应根据监测结果调整施工方案。

4. 工程结束时应提交完整的监测总结报告，监测总结报告内容应包括：

（1）工程概况。

（2）监测依据。

（3）监测项目。

（4）监测点布置。

（5）监测设备和监测方法。

（6）监测频率。

（7）监测预警值。

（8）各监测项目全过程的发展变化分析及整体详述。

（9）监测工作结论与建议。

【案例 14 答案】

1. 本工程的单位工程是本合同所包含的城市主干道改造工程；子单位工程可能有：主线桥梁 A、匝道 B、匝道 C、挡土墙及引道等。

2. 分项工程：机械挖孔；钢筋笼制作安装；灌注混凝土。

检验批：每根桩为一个检验批。

3. 图 19-11 中，①——主线基础及下部结构（含 B 匝道 BZ 墩）；②——匝道基础及下部结构；③——主线上部结构；④——匝道上部结构。

4. 需设置边防撞护栏的总长度为：A 主线桥梁长度的 2 倍（不考虑主线中间的隔离带）+ 匝道 B 长度的 2 倍 + 匝道 C 长度的 2 倍 + 挡土墙长度的 2 倍 = 900×2 + 360×2 + 150×2 + 90×2 = 3000m。项目部配置的边防撞护栏定型组合钢模板每次可浇筑 200m，每 4d 周转一次，所以：3000÷200×4 = 60d。即，边防撞护栏连续施工至少需要的天数为 60d。

【案例 15 答案】

1. A——伸缩装置。

2. 该桥属于刚架桥。梁和柱的连接处具有很大的刚性，在竖向荷载作用下，梁部主要受弯，而在柱脚处也具有水平反力，其受力状态介于梁桥和拱桥之间。

3. ① 对桥墩施工缝部位混凝土表面进行凿毛并清洗干净；② 通过监理验收，先浇上一层与桥梁上部结构混凝土强度等级相同的水泥砂浆,再浇筑混凝土。

4．支架高度：99.630－(0.070＋0.080＋0.800)－90.180＝8.500m,因为搭设高度大于8m,超过《住房城乡建设部办公厅关于实施〈危险性较大的分部分项工程安全管理规定〉有关问题的通知》(建办质〔2018〕31号)附件2中规定,所以需要组织专家论证。

5．支架预压失败的可能原因：

(1)采用杂土对沟谷一次性进行回填。

(2)回填后经整平碾压即在其上进行支架搭设施工。

(3)采用土袋进行堆载预压。

(4)场地积水。

为使支架预压成功应采取的改进措施：

(1)杂土容易产生不均匀沉降,应就地取材采用级配良好的山皮土回填。

(2)应分层回填,分层压实,确保压实度大于93%。

(3)回填整平后,应进行地基预压,合格后进行硬化处理之后再搭设支架。

(4)场地要有良好的排水系统。

(5)应采用砂袋等透水性好的材料对支架进行预压。

【案例16答案】

1．正确。

理由：路面工程为道路工程的主体结构,必须由甲单位施工,不得将工程主体结构的施工业务分包给其他单位。

2．不妥之处："甲公司将原始地貌杂草清理后,在挖方段取土一次性将池塘填平并碾压成型"；

正确做法：甲公司清除杂草后,应按设计要求处理池塘淤泥；对挖方段取来的土,要检查其成分与含水率等指标,符合设计与规范要求后,再按设计要求分层回填、碾压,直至与附近地面齐平。

3．要点一中错误之处：上面层分左、右幅摊铺,每幅用两台摊铺机前后错开40～50m呈梯队方式推进；

正确做法：应用多台摊铺机前后错开10～20m呈梯队方式同步全幅摊铺,以减少施工接缝。

要点二中错误之处：上面层初压采用振动压路机,复压采用轮胎压路机；

正确做法：上面层为SMA,不得采用轮胎压路机碾压。初压应采用钢筒式压路机或关闭振动状态的振动压路机,复压采用振动压路机。

要点三中错误之处：终压完成后拟洒水加快路面的降温速度；

正确做法：终压完成后,应待路面自然冷却到低于50℃,才能开放交通。

4．主控项目一：压实度；

检验方法：查试验记录(马歇尔击实试件密度,试验室标准密度)。

主控项目二：面层厚度；

检验方法：钻孔或刨挖,用钢尺量。

主控项目三：弯沉值；

检验方法：弯沉仪检测。

【案例 17 答案】

1. 错误之处：挖补深度 50～150mm 的凹坑，拟用沥青混凝土一次补平。

改正：应按高程控制，分层摊铺，每层最大厚度不宜超过 100mm。

2. 错误之处：项目部在采购玻纤网时，因缺货，擅自将网孔尺寸 10mm 更换为 20mm。

改正：项目部应向监理申请设计变更，根据批准后的设计变更要求进行更换。

3. 粘层油应在施工面层的当天洒布；乳化沥青用量应为 0.3～0.6L/m²。

4. 最适合的方法是破管外挤。

其他三种方法不适合的主要原因：

（1）开槽法施工需要开挖路面，阻断交通，并且下穿有电信、电力管道，施工难度较破管外挤大。

（2）污水支线管径由 $DN500mm$ 更新为 $DN600mm$，内衬法无法增大管径。

（3）土质为砂卵石，定向钻不适用。

5. 项目部在安全管理方面应采取的措施：

（1）对作业人员进行专项培训及安全技术交底。

（2）下井作业前应查清管径、水深、潮汐、积泥厚度等。

（3）气体检测时，应先搅动作业井内泥水，使气体充分释放，保证测定井内气体实际浓度。

（4）井下作业时，必须进行连续气体检测，且井上监护人员不得少于两人。

（5）井下作业时，应使用隔离式防毒面具，不应使用过滤式防毒面具和半隔离式防毒面具以及氧气呼吸设备。作业人员应佩戴供压缩空气的隔离式防护装具、安全带、安全绳、安全帽等防护用品。

【案例 18 答案】

1. 本工程围护结构除地下连续墙外还可以采用钻孔灌注桩＋搅拌桩叠合桩形式。

2. A——第一道钢筋混凝土支撑施工。

B——垫层及底板施工。

C——负二层侧墙及中柱（墙）施工。

D——第一道钢筋混凝土支撑拆除。

3. 预应力损失可通过在活络端塞入钢楔，使用千斤顶提供附加预应力的方式施工。

4. 后浇带施工技术要求如下：

（1）后浇带应在其两侧混凝土龄期达到 42d 后施工。

（2）后浇带应设在受力和变形较小处，缝宽 0.8～1m。

（3）混凝土浇筑前应将两侧混凝土凿毛，清理后洒水保持表面湿润。

（4）采用补偿收缩混凝土，配合比设计应经试验确定，强度不低于两侧混凝土强度。

（5）养护期不少于 28d。

5. 补充和完善的具体措施有：

（1）基坑开挖过程中，必须采取措施防止开挖机械碰撞支撑、围护桩或扰动基底原状土。

（2）发生异常情况时，应立即停止挖土，并应立即查清原因且采取措施，正常后方能继续挖土。

【案例 19 答案】

1．多孔跨径总长为：75＋120＋75＋30×3×5×2＝1170m；该桥分类为特大桥。

2．最适宜施工方法：

施工区段⓪采用托架法（膺架法）；施工区段①采用挂篮施工（悬臂施工）；施工区段②采用支架法。

每个主墩上部结构施工次数：

施工区段⓪施工次数为 1 次，施工区段①施工次数为（118－14）÷4＝26 次；

所以一个主桥墩上的上部结构共需要施工次数是 26＋1＝27 次。

3．（1）合龙顺序：南边孔、北边孔→跨中孔。

（2）一天中气温最低的时候进行。

4．安全防护措施如下：

（1）围堰应有警示灯，防冲撞设施。

（2）挂篮底下应张挂密目网和限高警示灯。

（3）主梁上部应设栏杆，栏杆应有踢脚板，应张挂密目网。

5．最适宜围堰类型为：钢板桩围堰。

围堰高程：19.5＋0.5＝20.0m。

【案例 20 答案】

1．A 公司将顶管法施工变更为水平定向钻施工的理由：

（1）泥水平衡顶管法适用于较长的施工距离，水平定向钻法适用于较短的施工距离。

（2）水平定向钻法施工速度快，可有效节省工期，降低成本。

（3）水平定向钻法适用于除砂卵石地层和含水地层之外的地层。

2．本工程专项方案论证的不合规之处如下：

不合规之处一：由建设单位组织专家论证不合规；

正确做法：应该由施工单位 A 公司来组织。

不合规之处二：B 公司总工程师以专家身份参加论证会不合规；

正确做法：必须由本项目参建各方人员之外的符合相关专业要求的专家（5 人以上单数）来进行论证。

3．水平定向钻泥浆液在钻进过程中还起到的作用有：给钻头降温、辅助破碎地层、携带碎屑、稳定孔壁。

4．水平定向钻有别于顶管施工的主要工序：钻导向孔、扩孔、回拉铺管。

5．燃气管道在安装过程中和投入使用前应进行管道功能性试验，应依次进行管道吹扫、强度试验和严密性试验。

【案例 21 答案】

1．应选择正循环回旋钻机。因为本工程的基础为直径 1200mm 钻孔灌注桩，桩基地质结构为软岩，该公司现有的钻孔机械为正、反循环回转钻机若干台，可供本工程选用。常用正反循环钻机成孔适用范围见表 19-3。

表 19-3　正反循环钻机成孔适用范围

成孔方法	适用范围			泥浆作用
	土层	孔径（mm）	孔深（m）	
正循环回转钻	黏性土，粉砂、细、中、粗砂，含少量砾石、卵石（含量少于20%）的土、软岩	800～2500	30～100	浮悬钻渣并护壁
反循环回转钻	黏性土、砂类土、含少量砾石、卵石（含量少于20%，粒径小于钻杆内径2/3）的土	800～3000	用真空泵＜35，用空气吸泥机可达65，用气举式可达120	护壁

根据上表只有正循环回旋钻机能符合工程需要。

2．造成钻孔偏斜的原因可能有：

（1）钻头受到侧向力。

（2）扩孔处钻头摆向一方。

（3）钻杆弯曲、接头不正。

（4）钻机底座安置不水平。

3．用经纬仪定出底模板各预拱度设置点的准确高程并作出明显的标记，用顶托丝杆分别将各预拱度设置点的模板调整到标记位置。验收合格后进行下一道工序。

4．差价调整计算：

4月：由于（4500－4000）÷4500×100%＝11.11%，应调整价格。

应调减差价为：（4500×0.9－4000）×800＝40000元。

5月：由于（4700－4500）÷4500×100%＝4.44%，不调整价格。

6月：由于（5300－4500）÷4500×100%＝17.78%，应调整价格。

应调增差价为：（5300－4500×1.1）×2000＝700000元。

【案例22答案】

1．优化后的网络进度计划如图19-17所示，关键线路是：施工准备→1号桥台基础→1号桥台→2号桥台→2号桥台填土→梁板安装→桥面系施工。或者写：①→②→③→④→⑤→⑦→⑧→⑨→⑩。节点工期是87d，小于90d，满足节点工期要求。

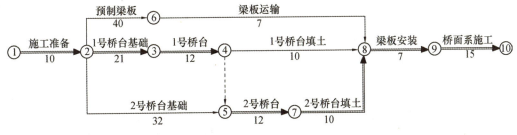

图 19-17　优化后的网络进度计划图（单位：d）

要注意的是，不能按照背景资料的图19-16写成①→②→⑥→⑦→④→⑤→⑧→⑨→⑩，这里的⑦→④是不允许的，必须从数字小的标向数字大的。

2. 安全交底的不妥之处：由专职安全员对整个桥梁工程进行了安全技术交底；

正确做法：对整个桥梁工程进行安全技术交底的交底人应是项目部技术负责人，且交底必须对全体施工作业人员进行，必须有文字记录，必须签字、归档。

3. 背景材料中的裂缝属于表面裂缝。表面裂缝主要是温度裂缝，产生的原因可能有：① 水泥水化热的影响；② 内外约束条件的影响；③ 外界气温变化的影响；④ 混凝土的收缩变形。

4. 由于背景资料中出现的裂缝只有 0.1~0.4mm 宽、3~5mm 深，且经检测鉴定危害性较小，只影响外观质量，所以，对这种微浅的表面裂缝，只需采用不低于结构混凝土强度的水泥砂浆抹面，将裂缝处抹平即可，或者用聚氯乙烯等补漏材料填缝。具体做法是：先清理裂缝处，凿毛，湿润，清理浮渣，清除积水，抹高一强度等级的水泥砂浆，重新进行质量检验。如用聚氯乙烯等补漏材料填缝，具体做法是：清理裂缝处，填缝，重新进行质量检验。

综合测试题（一）

一、单项选择题（共20题，每题1分。每题的备选项中，只有一个最符合题意。）

1. 碾压开始热拌沥青混合料内部温度随沥青标号而定，正常施工取值范围在（ ）℃。
   A．100～110 B．120～135
   C．120～150 D．130～150

2. 下列无机结合料中，可用于高等级路面基层的是（ ）。
   A．二灰稳定粒料 B．石灰稳定土
   C．石灰粉煤灰稳定土 D．水泥稳定土

3. 关于稀浆封层功能的说法，错误的是（ ）。
   A．封水 B．防滑
   C．耐磨 D．改善路表外观

4. 拱桥的承重结构以受（ ）为主。
   A．拉 B．压
   C．弯 D．扭

5. 下列影响因素中，不属于设置支架施工预拱度应考虑的是（ ）。
   A．支架承受全部施工荷载引起的弹性变形
   B．受载后支架杆件接头处的挤压和卸落设备压缩而产生的非弹性变形
   C．支架立柱在环境温度下的线膨胀或压缩变形
   D．支架基础受载后的沉降

6. 下列河床地层中，不宜使用钢板桩围堰的是（ ）。
   A．砂类土 B．碎石土
   C．含有大漂石的卵石土 D．强风化岩

7. 适用于黏性土、粉土、杂填土、黄土、砂、卵石，但对施工精度、工艺和混凝土配合比均有严格要求的隔水帷幕的施工方法是（ ）。
   A．高压喷射注浆法 B．注浆法
   C．水泥土搅拌法 D．咬合式排桩

8. 在软弱地层的基坑工程中，支撑结构挡土的应力传递路径是（ ）。

A．土压力→围檩→围护桩→支撑　　B．土压力→围护桩→支撑→围檩
C．土压力→围檩→支撑→围护桩　　D．土压力→围护桩→围檩→支撑

9．竖井马头门破除施工工序有：① 预埋暗梁、② 破除拱部、③ 破除侧墙、④ 拱部地层加固、⑤ 破除底板，正确的顺序为（　　）。
A．①→②→③→④→⑤　　B．①→④→②→③→⑤
C．①→④→③→②→⑤　　D．①→②→④→③→⑤

10．适用于砂卵石土层，施工精度高，埋设直径 800mm 给水管道的不开槽施工工法为（　　）。
A．定向钻　　　　　　　　B．夯管
C．密闭式顶管　　　　　　D．浅埋暗挖

11．关于给水排水管道功能性试验的说法，正确的是（　　）。
A．给水管道的功能性试验分为闭水试验和闭气试验
B．压力管道水压试验采用内渗法测定
C．无压管道的闭水试验要全管段进行闭水试验
D．管道内径大于 700mm 时，可抽取 1/3 井段试验

12．关于供热管道穿越建（构）筑物时套管安装要求的说法，正确的是（　　）。
A．套管与管道之间的空隙应采用高强度等级水泥砂浆填充
B．防水套管在构筑物混凝土浇筑后尽快安装
C．穿过结构的套管应与结构两端平齐
D．穿过楼板的套管应高出板面 50mm

13．综合管廊一般分为干线综合管廊、（　　）、缆线综合管廊三种。
A．支线综合管廊　　　　　B．次干线综合管廊
C．专线综合管廊　　　　　D．混合综合管廊

14．下列用于变形观测的光学仪器是（　　）。
A．全站仪　　　　　　　　B．倾斜仪
C．千分表　　　　　　　　D．轴力计

15．施工现场的限速牌属于（　　）。
A．警告标志　　　　　　　B．指令标志
C．禁令标志　　　　　　　D．提示标志

16．下列影响因素中，对混凝土内部温度影响最大的是（　　）。
A．水的洁净度　　　　　　B．砂的细度模数

C．碎石级配情况　　　　　　D．水泥用量

17．透水铺装位于地下室顶板上时，顶板覆土厚度不应小于（　　）mm。
A．500　　　　　　　　　　B．600
C．700　　　　　　　　　　D．800

18．植草沟断面边坡坡度（垂直：水平）不宜大于（　　）。
A．1∶2　　　　　　　　　　B．1∶3
C．1∶4　　　　　　　　　　D．1∶5

19．水泥混凝土路面病害处理面板沉陷的维修，当面板整板的沉陷小于或等于（　　）mm时，应采用适当材料修补。
A．50　　　　　　　　　　　B．40
C．30　　　　　　　　　　　D．20

20．一级风险的基坑设计深度应大于或等于（　　）m。
A．5　　　　　　　　　　　 B．10
C．15　　　　　　　　　　　D．20

二、多项选择题（共10题，每题2分。每题的备选项中，有2个或2个以上符合题意，至少有1个错项。错选，本题不得分；少选，所选的每个选项得0.5分。）

21．适用于高等级道路的路面结构类型有（　　）。
A．沥青混合料路面　　　　　B．沥青贯入式路面
C．沥青表面处治路面　　　　D．水泥混凝土路面
E．砌块路面

22．下列选项中（　　）是加固地基的土工合成材料应具备的优点。
A．质量轻　　　　　　　　　B．整体连续性好
C．抗压强度高　　　　　　　D．耐腐蚀性好
E．施工方便

23．下列配制预应力混凝土的说法中，正确的有（　　）。
A．不宜使用矿渣硅酸盐水
B．不得使用火山灰质硅酸盐水泥及粉煤灰硅酸盐水泥
C．严禁使用含氯化物的外加剂及引气剂或引气型减水剂
D．粗骨料应采用碎石，其粒径宜为5~15mm
E．从各种材料引入混凝土中的水溶性氯离子最大含量不应超过胶凝材料用量的0.06%

24. 下列浅埋暗挖隧道施工常用的技术措施中，属于隧道内使用的有（　　）。
   A．降低地下水位　　　　　　B．管棚超前支护
   C．设置临时仰拱　　　　　　D．小导管周边注浆
   E．超前小导管支护

25. 换热站的管道与设备安装前，参加预埋吊点数量位置复核检查的单位有（　　）。
   A．建设单位　　　　　　　　B．设计单位
   C．监理单位　　　　　　　　D．土建施工单位
   E．工艺安装单位

26. 管道施工测量控制点有（　　）。
   A．管道中心线　　　　　　　B．沟槽开挖宽度
   C．管内底高程　　　　　　　D．管顶高程
   E．井位中心点

27. 下列招标文件提出的内容中，属于投标文件应当响应的实质性内容有（　　）。
   A．工期　　　　　　　　　　B．质量要求
   C．评标打分标准　　　　　　D．技术标准和要求
   E．投标有效期

28. 钻孔灌注桩灌注水下混凝土时，发生导管堵管的可能原因有（　　）。
   A．导管漏水　　　　　　　　B．导管底距孔底深度太小
   C．孔内泥浆黏度偏大　　　　D．混凝土配制质量差
   E．混凝土缓凝时间较长

29. 下列一级基坑监测项目中，属于应测项目的有（　　）。
   A．坡顶水平位移　　　　　　B．坡顶竖向位移
   C．土压力　　　　　　　　　D．地下水位
   E．坑底隆起

30. 下列施工成本的说法中，正确的有（　　）。
   A．施工成本管理是从工程投标报价到竣工结算的全过程管理
   B．施工成本控制通过合同、劳务分包和材料、机械管理来实现
   C．施工成本中材料费用控制通过材料价格和消耗量进行控制
   D．施工成本中施工机械使用费包括对租赁设备和自有设备的管理
   E．施工过程中工程变更对工程量、工期、成本都会产生影响，应随时掌握

三、实务操作和案例分析题（共4题，每题20分。请根据背景资料按要求作答。）

【案例1】

背景资料：

某单位承建一钢厂主干道钢筋混凝土道路工程，道路全长1.2km，红线宽46m，路幅分配如图1-1所示。雨水主管敷设于人行道下，管道平面布置如图1-2所示。该路段地层富水，地下水位较高，设计单位在道路结构层中增设了200mm厚级配碎石层。项目部进场后按文明施工要求对施工现场进行了封闭管理，并在现场进口处挂有"五牌一图"。

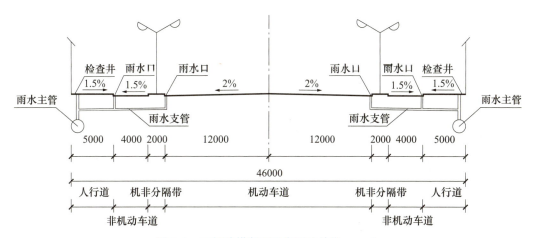

图1-1 三幅路横断面示意图（单位：mm）

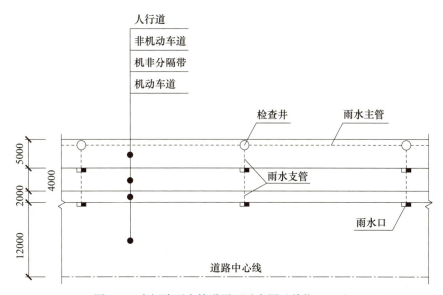

图1-2 半幅路雨水管道平面示意图（单位：mm）

道路施工过程中发生如下情况：

情况一：路基验收完成已是深秋，为在冬期到来前完成水泥稳定碎石基层施工，项目部经过科学组织，优化方案，集中力量，按期完成基层分项工程的施工任务，同时做好了基层的防冻覆盖工作。

情况二：基层验收合格后，项目部采用开槽法进行 $DN300mm$ 的雨水支管施工，雨水支管沟槽开挖断面如图 1-3 所示。槽底浇筑混凝土基础后敷设雨水支管，最后浇筑 C25 混凝土对支管进行全包封处理。

情况三：雨水支管施工完成后，进入面层施工阶段，在钢筋进场时，实习材料员当班，检查了钢筋的品种、规格，均符合设计和国家现行标准规定，经复试（含见证取样）合格，却忽略了供应商没能提供的相关资料，便将钢筋投入现场施工。

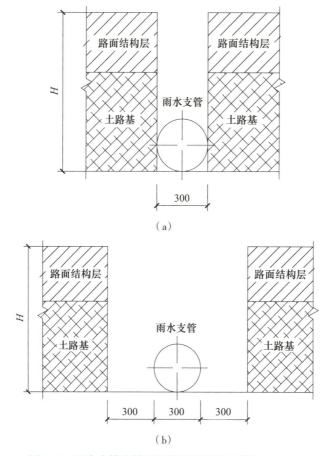

图 1-3　雨水支管沟槽开挖断面示意图（单位：mm）

问题：

1. 设计单位增设的 200mm 厚级配碎石层应设置在道路结构中的哪个层次？说明其作用。

2. "五牌一图"具体指哪些牌和图？

3. 请写出情况一中进入冬期施工的气温条件是什么，并写出基层分项工程应在冬期施工到来之前多少天完成。

4. 请在图 1-3 雨水支管沟槽开挖断面示意图中选出正确的雨水支管开挖断面形式［开挖断面形式用（a）断面或（b）断面作答］。

5. 情况三中钢筋进场时还需要检查哪些资料？

【案例 2】

背景资料：

某城镇道路局部为路堑路段，两侧采用浆砌块石重力式挡土墙护坡，挡土墙高出路面约 3.5m，顶部宽度 0.6m，底部宽度 1.5m，基础埋深 0.85m，如图 2-1 所示。

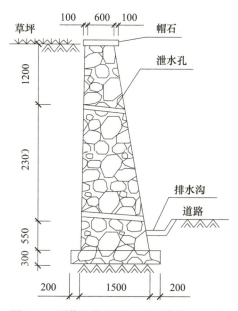

图 2-1 原浆砌块石挡土墙（单位：mm）

在夏季连续多日降雨后，该路段一侧约 20m 挡土墙突然坍塌，该侧行人和非机动车无法正常通行。

调查发现，该段挡土墙坍塌前顶部荷载无明显变化，坍塌后基础未见不均匀沉降，墙体块石砌筑砂浆饱满粘结牢固，后背填土为杂填土，查见泄水孔淤塞不畅。

为恢复正常交通秩序，保证交通安全，相关部门决定在原位置重建现浇钢筋混凝土重力式挡土墙，如图 2-2 所示。

施工单位编制了钢筋混凝土重力式挡土墙混凝土浇筑施工方案，其中包括：提前与商品混凝土厂沟通混凝土强度、方量及到场时间；第一车混凝土到场后立即开始浇筑；按每层 600mm 水平分层浇筑混凝土，下层混凝土初凝前进行上层混凝土浇筑；新旧挡土墙连接处增加钢筋使两者紧密连接；如果发生交通拥堵导致混凝土运输时间过长，可适量加水调整混凝土和易性；提前了解天气预报并准备雨期施工措施等内容。

施工单位在挡土墙排水方面拟采取以下措施：在边坡潜在滑塌区外侧设置截水沟；挡土墙内每层泄水孔上下对齐布置；挡土墙后背回填黏土并压实等。

问题：

1. 从受力角度分析挡土墙失稳坍塌原因。
2. 写出混凝土重力式挡土墙的钢筋设置位置和结构形式特点。
3. 写出混凝土浇筑前钢筋验收除钢筋品种、规格外还应检查的内容。
4. 改正混凝土浇筑方案中存在的错误。

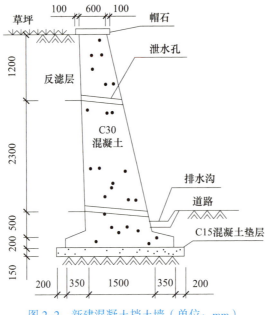

图 2-2 新建混凝土挡土墙（单位：mm）

5．改正挡土墙排水设计中存在的错误。

【案例 3】

背景资料：

某公司承建一座城市桥梁。上部结构采用 20m 预应力混凝土简支板梁；下部结构采用重力式 U 形桥台，明挖扩大基础。地质勘察报告揭示桥台处地质自上而下依次为杂填土、粉质黏土、黏土、强风化岩、中风化岩、微风化岩。桥台立面如图 3 所示。

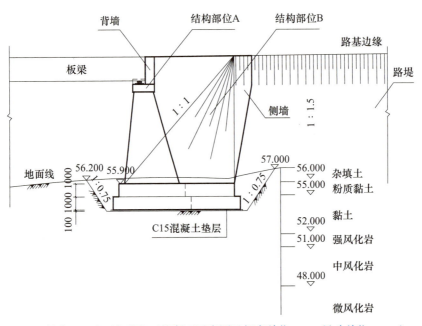

图 3 桥台立面布置与基坑开挖断面示意图（标高单位：m；尺寸单位：mm）

施工过程中发生如下情况：

情况一：开工前，项目部会同相关单位将工程划分为单位、分部、分项工程和检验批，编制了隐蔽工程清单，以此作为施工质量检查、验收的基础，并确定了桥台基坑开挖在该项目划分中所属的类别。

桥台基坑开挖前，项目部编制了专项施工方案，上报监理工程师审查。

情况二：按设计图纸要求，桥台基坑开挖完成后，项目部在自检合格基础上，向监理单位申请验槽，并参照表3通过了验收。

表3　扩大基础基坑开挖与地基质量检验标准

序号	项目		允许偏差（mm）	检验方法
1	一般项目	基底高程 土方	0～-20	用水准仪测，四角和中心
2		基底高程 石方	+50～-200	
3		轴线偏位	50	用C，纵横各2点
4		基坑尺寸	不小于设计规定	用D，每边各1点
5	主控项目	地基承载力	符合设计要求	检查地基承载力报告

问题：

1．写出图3中结构A、B的名称。简述桥台在桥梁结构中的作用。
2．情况一中，项目部"会同相关单位"参与工程划分指的是哪些单位？
3．情况一中，指出桥台基坑开挖在项目划分中属于哪几类。
4．写出表3中C、D代表的内容。

【案例4】

背景资料：

某公司承建综合管廊工程。项目部进场后，结合地质情况，按照设计图纸编制了施工组织设计。

基坑开挖断面尺寸为9.6m（宽）×5.2m（深），基坑断面如图4所示。图中可见地下水位较高，为-1.500m，方案中考虑在基坑周边设置真空井点降水。项目部按照以下流程完成了井点布置，高压水套管冲击成孔→冲洗钻孔→A→填滤料→B→连接水泵→漏水漏气检查→试运行，调试完成后开始抽水。

因结构施工恰逢雨期，项目部采用1∶0.75放坡开挖，挂钢筋网喷射C20混凝土护面，施工工艺流程如下：修坡→C→挂钢筋网→D→养护。

基坑支护开挖完成后项目部组织了坑底验收，确认合格后开始进行结构施工。监理工程师现场巡视发现：钢筋加工区部分钢筋锈蚀、不同规格钢筋混放、加工完成的钢筋未经检验即投入使用，要求项目部整改。

结构底板混凝土25m一仓施工，每仓在底板腋角上200mm高处设施工缝，并设置了一道钢板。

问题：

1．补充井点降水工艺流程中A、B工作内容，并说明降水期间应注意的事项。

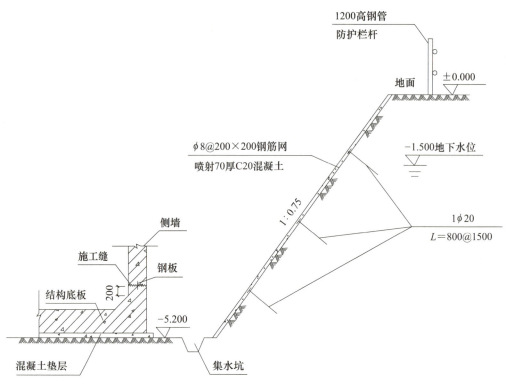

图4 基坑断面示意图（高程单位：m；尺寸单位：mm）

2．请指出基坑挂网护坡工艺流程中C、D的内容。
3．坑底验收应由哪些单位参加？
4．项目部现场钢筋存放应满足哪些要求？
5．请说明施工缝处设置钢板的作用和安装技术要求。

答案

一、单项选择题

1．B； 2．A； 3．C； 4．B； 5．C； 6．C； 7．D； 8．D；
9．B； 10．C； 11．D； 12．D； 13．A； 14．A； 15．C； 16．D；
17．B； 18．B； 19．D； 20．D

二、多项选择题

21．A、D； 22．A、B、D、E； 23．A、B、C、E； 24．B、C、D、E；
25．C、D、E； 26．A、C、E； 27．A、B、D、E； 28．A、B、D；
29．A、B、D； 30．A、D、E

三、实务操作和案例分析题

【案例1】

1．垫层。作用：改善土基的湿度和温度状况，扩散荷载，减小土基所产生的变形。

2．五牌：工程概况牌、管理人员名单及监督电话牌、消防保卫（防火责任）牌、安全生产牌、文明施工牌；一图：施工现场总平面图。

3．① 进入冬期施工的气温条件是：施工现场日平均气温连续5d低于5℃或最低环境温度低于−3℃。

② 水泥稳定碎石基层分项工程应在冬期施工到来之前15～30d完成。

4．正确的雨水支管开挖断面形式为（b）断面。

5．生产厂的牌号、炉号、检验报告及合格证。

【案例2】

1．墙背排水不畅（积水过多）、墙背压力过大（主动土压力）导致挡土墙失稳坍塌。

2．钢筋设置位置：墙背（迎土面）和墙趾（基础）处。结构形式特点：依靠墙体自重抵挡土压力作用。

3．钢筋成型尺寸、间距（含受力筋及箍筋），混凝土保护层厚度。

4．预拌混凝土到场检查坍落度并留置混凝土试块，按每层≤300mm水平分层浇筑混凝土；新旧挡土墙连接处不应增加钢筋使两者紧密连接，应设置沉降缝（变形缝）；不允许现场加水调整混凝土和易性。

5．泄水孔应交错布置；挡土墙后背泄水孔周围应回填砂石类（透水性）材料。

【案例3】

1．结构A的名称——台帽；结构B的名称——锥坡。

桥台的作用：桥台一边与路堤相接，以防路堤坍塌，另一边支承桥跨结构的端部，传递上部结构荷载至地基。

2．是指建设单位、监理单位。

3．桥台基坑开挖属于分项工程、隐蔽工程。

4．C代表内容——经纬仪测量；D代表内容——钢尺量。

【案例4】

1．A——安放井点管；B——孔口段填黏土压实。

降水期间注意事项：地下水控制工程应对地下水控制效果及影响进行监测，配电及真空井点降水系统安全运行维护。

2．C——打入土钉；D——喷射混凝土。

3．施工单位、监理单位、勘察单位、设计单位、建设单位。

4．钢筋下设垫木、遮盖、分类码放；钢筋半成品应验收合格后方可使用。

5．作用：止水；安装要求：双面焊、搭接20mm。

综合测试题（二）

一、单项选择题（共20题，每题1分。每题的备选项中，只有1个最符合题意。）

1. 高等级道路的表面层横向接缝应采用（　　）。
   A. 斜接缝　　　　　　　　B. 阶梯形接缝
   C. 垂直的平接缝　　　　　D. 冷接缝

2. 改性沥青 SMA 混合料面层高温碾压，不得采用（　　）碾压。
   A. 振动压路机　　　　　　B. 钢轮压路机
   C. 轮胎压路机　　　　　　D. 双轮钢筒式压路机

3. 现场绑扎钢筋时，不需要全部用绑丝绑扎的交叉点是（　　）。
   A. 受力钢筋的交叉点
   B. 单向受力钢筋网片外围两行钢筋交叉点
   C. 单向受力钢筋网中间部分交叉点
   D. 双向受力钢筋的交叉点

4. 下列桥梁支座的说法中，错误的是（　　）。
   A. 支座传递上部结构承受的荷载
   B. 支座传递上部结构承受的位移
   C. 支座传递上部结构承受的转角
   D. 支座对桥梁变形的约束应尽可能大，以限制梁体自由伸缩

5. 下列先张法预应力空心板梁场内移运和存放的说法中，错误的是（　　）。
   A. 吊运时，混凝土强度不得低于设计强度的75%
   B. 存放时，支点处应采用垫木支承
   C. 存放时间可长达3个月
   D. 同长度的构件，多层叠放时，上下层垫木在竖直面上应适当错开

6. 桥面防水层施工前对混凝土基层检测的主控项目中不包括（　　）。
   A. 含水率　　　　　　　　B. 粗糙度
   C. 平整度　　　　　　　　D. 外观质量

7. 柔性管道工程施工质量控制的关键是（　　）。
   A. 管道接口　　　　　　　B. 管道基础
   C. 沟槽回填　　　　　　　D. 管道坡度

8. 地铁基坑采用的围护结构形式很多，其中强度大、开挖深度大，同时可兼作主体结构一部分的围护结构是（　　）。
    A．重力式水泥土挡墙　　　　B．地下连续墙
    C．预制混凝土板桩　　　　　D．SMW 工法桩

9. 下列沉井施工技术的说法中，正确的是（　　）。
    A．不排水下沉可采用干封底
    B．沉井下沉时，需对沉井的标高、轴线位移进行测量
    C．分节制作沉井，设计无要求时，混凝土强度应达到设计强度等级 80% 后方可拆除模板或浇筑后节混凝土
    D．工作井的围护结构为沉井工作井时，应先拆除井壁外侧的封板或其他封填物，再拆除洞圈内侧的临时封门

10. 下列顶管施工技术的说法中，正确的是（　　）。
    A．在不稳定土层中顶管时，封门拆除后应将顶管机立即顶入土层
    B．管道顶进过程中，应遵循"勤测量、勤纠偏、强纠偏"的原则
    C．在软土层中顶进混凝土管时，为防止管节飘移，宜将前 5~7 节管体与顶管机联成一体
    D．正常顶进时，每顶进 2000mm，测量不应少于一次

11. 穿越铁路及高速公路的地下燃气管道外应加套管，并提高（　　）。
    A．燃气管道管壁厚度　　　　B．绝缘防腐等级
    C．管道焊接质量　　　　　　D．管材强度

12. 金属供热管道安装时，环形焊缝可设置于（　　）。
    A．管道与阀门连接处　　　　B．管道支架处
    C．保护套管中　　　　　　　D．穿过构筑物结构处

13. 下列管道安装施工安全控制的说法正确的是（　　）。
    A．可以采用抛摔、拖拽的方法装卸管材、设备
    B．供热预制直埋管道保温层不得进水，进水后的直埋管和管件应修复后方可使用
    C．埋设燃气管道警示带时距管顶的距离宜为 0.5~1m，但不得敷设于路基和路面里
    D．有限空间场所内可以使用明火照明和非防爆设备

14. 为市政公用工程设施改扩建提供基础资料的是原设施的（　　）测量资料。
    A．施工中　　　　　　　　　B．施工前
    C．勘察　　　　　　　　　　D．竣工

15. 下列投标文件内容中，属于技术标的是（　　）。
    A. 投标函   B. 投标报价
    C. 施工方案   D. 其他资料

16. 施工组织设计由（　　）主持编制。
    A. 项目总工程师   B. 企业总工程师
    C. 项目负责人   D. 技术员

17. 生物滞留设施面积与汇水面面积之比一般为（　　）。
    A. 3%～8%   B. 4%～9%
    C. 5%～10%   D. 6%～11%

18. 雨水湿地的调节容积应在（　　）内排空。
    A. 6h   B. 12h
    C. 24h   D. 48h

19. 非开挖修复更新工程完成后，应采用（　　）对管道内部进行检测。
    A. 探测器   B. 严密性试验
    C. 强度试验   D. 电视检测（CCTV）设备

20. 开挖跨度13m、高9m的浅埋暗挖隧道工程，不属于监测应测项目的是（　　）。
    A. 拱顶沉降   B. 净空收敛
    C. 围岩压力   D. 地下水位

二、多项选择题（共10题，每题2分。每题的备选项中，有2个或2个以上符合题意，至少有1个错项。错选，本题不得分；少选，所选的每个选项得0.5分。）

21. 改性沥青混合料的摊铺除满足普通沥青混合料摊铺要求外，还应做到（　　）。
    A. 在喷洒有粘层油的路面上铺筑改性沥青混合料时，宜使用履带式摊铺机
    B. 在喷洒有粘层油的路面上铺筑改性沥青混合料时，宜使用轮胎式摊铺机
    C. 摊铺机必须缓慢、均匀、连续不间断地摊铺，不得随意变换速度或中途停顿
    D. 改性沥青混合料的摊铺速度宜放慢至1～3m/min
    E. 应采用有自动找平装置的摊铺机

22. 下列混凝土路面施工的做法中，正确的有（　　）。
    A. 当一次铺筑宽度小于面层宽度时，应设置纵向施工缝
    B. 胀缝应与路面中心线垂直，缝宽一致，缝中不得连浆
    C. 设传力杆时，缩缝切缝深度不应小于面层厚度的1/4，且不得小于60mm
    D. 混凝土板养护期满后，缝槽应及时填缝
    E. 在混凝土达到设计弯拉强度的30%时，可允许行人通过

23. 桥梁伸缩缝一般设置于（　　）。
    A．桥墩处的上部结构之间　　　B．桥台端墙与上部结构之间
    C．连续梁桥最大负弯矩处　　　D．梁式桥的跨中位置
    E．拱式桥拱顶位置的桥面处

24. 关于支架法现浇预应力混凝土连续梁施工技术的说法，正确的有（　　）。
    A．支架地基承载力应符合要求，并且应有良好的排水措施，不得被水浸泡
    B．安装支架时，应根据梁体和支架的弹性、非弹性变形，设置预拱度
    C．支架和模板安装后进行预压的主要目的是测定其弹性变形量
    D．应有简便可行的落架拆模措施
    E．浇筑混凝土时应采取防止支架不均匀下沉的措施

25. 在采取套管保护措施的前提下，地下燃气管道可穿越（　　）。
    A．加气站　　　　　　　　　　B．商场
    C．高速公路　　　　　　　　　D．铁路
    E．化工厂

26. 热力管道工程施工结束后，应进行（　　）及试运行。
    A．清洗　　　　　　　　　　　B．试验
    C．吹扫管道　　　　　　　　　D．保温
    E．刷漆

27. 关于工程竣工验收的说法，正确的有（　　）。
    A．重要部位的地基与基础，由总监理工程师组织，施工单位、设计单位项目负责人参加验收
    B．检验批及分项工程，由专业监理工程师组织施工单位专业质量或技术负责人验收
    C．单位工程中的分包工程，由分包单位直接向监理单位提出验收申请
    D．整个建设项目验收程序为：施工单位自验合格，总监理工程师预验收认可后，由建设单位组织各方正式验收
    E．对涉及结构安全、使用功能等重要的分部工程，应进行抽样检测

28. 管片内衬法内衬管与原有管道间的环状空隙进行注浆，注浆材料性能应具有（　　）等性能。
    A．抗离析　　　　　　　　　　B．微膨胀
    C．抗冻性　　　　　　　　　　D．耐高温
    E．抗开裂

29. 通常用于变形观测的光学仪器有（　　）。

A．精密电子水准仪　　　　B．静力水准仪
C．全站仪　　　　　　　　D．千分表
E．倾斜仪

30．工程竣工结算编制的主要依据有（　　）。
A．清单计价规范
B．过程中已确认的工程量及其结算的合同价款
C．未最终批复的索赔文件
D．已确认调整后追加（减）的合同价款
E．工程合同

三、实务操作和案例分析题（共4题，每题各20分。请根据背景资料要求作答。）

【案例1】

背景资料：

某单位承建城镇主干道大修工程，道路全长2km，红线宽50m，路幅分配情况如图1-1所示。现状路面结构为40mm厚AC-13细粒式沥青混凝土上面层，60mm厚AC-20中粒式沥青混凝土中面层，80mm厚AC-25粗粒式沥青混凝土下面层。工程主要内容为：① 对道路破损部位进行翻挖补强；② 铣刨40mm厚旧沥青混凝土上面层后，加铺40mm厚SMA-13沥青混凝土上面层。

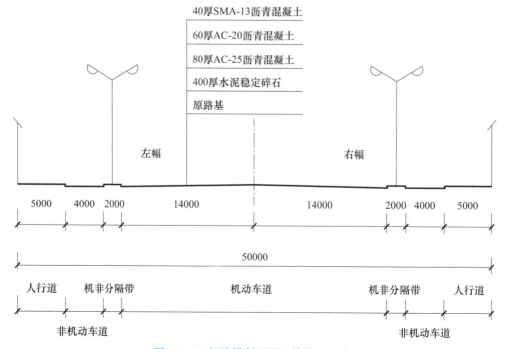

图1-1　三幅路横断面图（单位：mm）

接到任务后，项目部对现状道路进行综合调查，编制了施工组织设计和交通导行

方案，并报监理单位及交通管理部门审批，导行方案如图 1-2 所示。因办理占道、挖掘等相关手续，实际开工日期比计划日期滞后 2 个月。道路封闭施工过程中，发生如下情况：

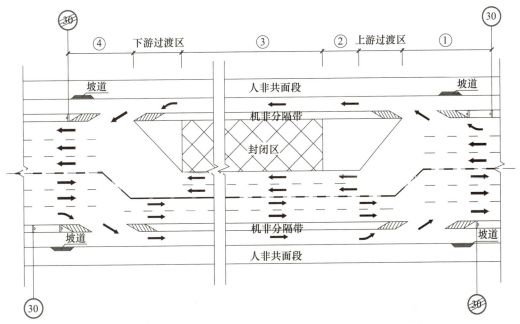

图 1-2 左幅交通导行平面示意图

情况一：项目部进场后对沉陷、坑槽等部位进行了翻挖探查，发现左幅基层存在大面积弹软现象，立即通知相关单位现场确定处理方案，拟采用 400mm 厚水泥稳定碎石分两层换填，并签字确认。

情况二：为保证工期，项目部集中力量迅速完成了水泥稳定碎石基层施工，监理单位组织验收结果为合格。项目部完成 AC-25 下面层施工后对纵向接缝进行简单清扫便开始摊铺 AC-20 中面层，最后转换交通进行右幅施工。由于右幅道路基层没有破损现象，考虑到工期紧在沥青摊铺前对既有路面铣刨、修补后，项目部申请全路封闭施工，报告批准后开始进行上面层摊铺工作。

问题：

1．交通导行方案还需要报哪个部门审批？
2．情况一中，确定基层处理方案需要哪些单位参加？
3．情况二中，水泥稳定碎石基层检验与验收的主控项目有哪些？
4．请指出沥青摊铺工作的不妥之处，并给出正确做法。

【案例 2】

背景资料：

某公司承建一项城市污水管道工程，管道全长 1.5km，采用 DN1200mm 的钢筋混凝土管，管道平均覆土深度约 6m。考虑现场地质水文条件，项目部准备采用"拉森钢板桩＋钢围檩＋钢管支撑"的支护方式，沟槽支护情况详见图 2。

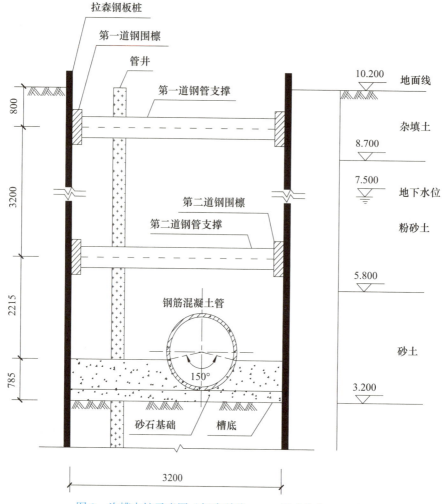

图2 沟槽支护示意图（标高单位：m；尺寸单位：mm）

在沟槽开挖到槽底后进行了分项工程质量验收，槽底无水浸、扰动，槽底高程、中线、宽度符合设计要求。项目部认为沟槽开挖验收合格，拟开始后续垫层施工。在完成下游3个井段管道安装及检查井砌筑后，抽取其中1个井段进行了闭水试验，实测渗水量为0.0285L/（min·m）[规范规定DN1200mm钢筋混凝土管合格渗水量不大于43.30m³/（24h·km）]。为加快施工进度，项目部拟增加现场作业人员。

问题：
1. 写出钢板桩围护方式的优点。
2. 写出项目部"沟槽开挖"分项工程质量验收中缺失的项目。
3. 列式计算该井段闭水试验渗水量结果是否合格。
4. 写出新进场工人上岗前应具备的条件。

【案例3】

背景资料：
某公司承建一座跨河城市桥梁。基础均采用φ1500mm钢筋混凝土钻孔灌注桩，设计为端承桩,桩底嵌入中风化岩层2D(D为桩基直径);桩顶上浇筑承台;承台高度为1200mm,顶面标高为20.000m。河床地层揭示依次为淤泥、淤泥质黏土、黏土、泥岩、强风化岩、中风化岩。

项目部编制的桩基施工方案明确如下内容:

内容一:下部结构施工采用水上作业平台施工方案。水上作业平台结构为φ600mm钢管桩+型钢+人字钢板搭设。水上作业平台如图3所示。

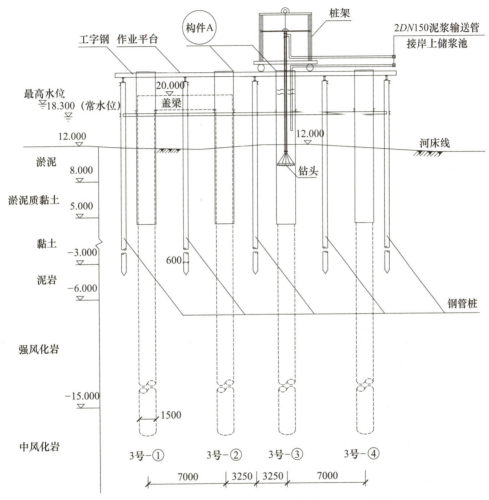

图3　3号墩水上作业平台及桩基施工横断面布置示意图
(标高单位:m;尺寸单位:mm)

内容二:根据桩基设计类型及桥位水文、地质等情况,设备选用"2000型"正循环回转钻机施工(另配牙轮钻头等)。

内容三:图3中A构件名称和使用的相关规定。

内容四:由于设计对孔底沉渣厚度未做具体要求,灌注水下混凝土前,进行二次清孔,当孔底沉渣厚度满足规范要求后,开始灌注水下混凝土。

问题:

1. 结合背景资料及图3,指出水上作业平台应设置哪些安全设施。

2．施工方案内容二中，指出项目部选择钻机类型的理由及成桩方式。

3．施工方案内容三中，所指构件 A 的名称是什么？构件 A 施工时需使用哪些机械配合？构件 A 应高出施工水位多少米？

4．结合背景资料及图3，列式计算3号－①桩的设计桩长。

5．施工方案内容四中，指出孔底沉渣厚度的最大允许值。

【案例4】

背景资料：

某公司承担了排水管道修复工程，设计采用 PE 管道，现场折叠后进入管道内。施工前经 CCTV 检查发现现况 $D600mm$ 钢筋混凝土管道存在大量淤泥，由于年久疏于维护，已存在多处局部损坏，项目部研究决定准备对破损地段修复后进行全面修复施工，派新进场的临时工人打开井盖即下井作业。

问题：

1．从工艺和修复技术两个方面，指出项目采用的修复属于哪种类型。

2．项目的作业程序是否正确？下井施工有哪些危险源，分析可能造成的事故有哪些？

3．试指出下井施工应采取哪些安全防护措施。

答案

一、单项选择题

1．C； 2．C； 3．C； 4．D； 5．D； 6．D； 7．C； 8．B；
9．B； 10．A； 11．B； 12．A； 13．B； 14．D； 15．C； 16．C；
17．C； 18．C； 19．D； 20．C

二、多项选择题

21．A、C、D、E； 22．A、B、D； 23．A、B； 24．A、B、D、E；
25．C、D； 26．A、B； 27．B、D、E； 28．A、B、E；
29．A、B、C； 30．A、B、D、E

三、实务操作和案例分析题

【案例1】

1．报道路管理部门审批。

2．需要监理、设计（勘察）、建设单位参加。

3．主控项目有：原材料、基层的压实度、7d 无侧限抗压强度。

4．不妥之处：接缝未处理。

正确做法：左幅施工采用冷接缝时，将右幅的沥青混凝土毛槎切齐，接缝处涂刷粘层油再铺新料，上面层摊铺前纵向接缝处铺设土工格栅（或土工布、玻纤网等土工织物）。

【案例2】

1．优点：钢板桩强度高、隔水效果好、施工简便、可回收反复使用。

2．缺失项目：地基承载力。

3．实测渗水量：

0.0285L/（min·m）= 24×60×0.0285m³/（24h·km）= 41.04m³/（24h·km）；

41.04m³/（24h·km）< 43.30m³/（24h·km），实测渗水量小于合格渗水量，故合格。

或：[合格渗水量：43.30m³/（24h·km）= 43.30/（24×60）= 0.030L/（min·m）；0.0285L/（min·m）< 0.030L/（min·m），实测渗水量小于合格渗水量，故合格]。

4．应具备条件：

（1）实名制平台登记。

（2）签订劳动合同。

（3）进行岗前教育培训及安全技术交底。

（4）特殊工种需持证上岗。

【案例3】

1．安全措施包括：水上作业平台和孔口周边设置护栏、警示标志及夜间警示灯，配备救生衣、救生圈、安全网、防撞设施、人员上下爬梯。

2．选择钻机类型的理由：持力层为中风化岩层，正循环回转钻机能满足现场地质钻进要求；

成桩方式：泥浆护壁成孔桩。

3．（1）构件A的名称——钢护筒。

（2）构件A埋设需使用的机械设备——起重机、振动锤。

（3）应高出施工水位2m。

4．3号-①桩的设计桩长：[（20-1.2）-（-15-2×1.5）] = 36.8m。

5．规范规定端承桩孔底沉渣厚度允许最大值为100mm。

【案例4】

1．从工艺上分析，项目采用的是折叠内衬法修复工艺，属于全断面结构性修复。

2．不正确。下井施工可能遇到的危险源主要有气体危害和病菌感染；可能导致后果：人员窒息、中毒和死亡。

3．下井施工必须采取有效的安全防护措施，确保人身安全，应采取的安全技术措施有：进入现况管道前，应按规定先监测井下有毒气体含量及氧气含量；进行管道通风；作业现场应准备充足、适宜的救援器材；作业人员必须接受安全技术培训，考核合格后方可上岗；新进场的临时工人作业前应进行上岗培训；作业人员必要时可穿（戴）防毒面具、防水衣、防护靴、防护手套、安全帽等，穿上系有绳子的防护腰带，配备无线通信工具和安全灯等；作业区和地面设专人值守，确保人身安全。

网上增值服务说明

为了给二级建造师考试人员提供更优质、持续的服务,我社为购买正版考试图书的读者免费提供网上增值服务。**增值服务包括**在线答疑、在线视频课程、在线测试等内容。

网上免费增值服务使用方法如下:

1. 计算机用户

2. 移动端用户

注:增值服务从本书发行之日起开始提供,至次年新版图书上市时结束,提供形式为在线阅读、观看。如果无法通过验证,请及时与我社联系。

客服电话:4008-188-688(周一至周五 9:00—17:00)

Email:jzs@cabp.com.cn

防盗版举报电话:010-58337026,举报查实重奖。

网上增值服务如有不完善之处,敬请广大读者谅解。欢迎提出宝贵意见和建议,谢谢!